撬动环境管理

——ISO 14001：2015运用指南

道尔（中国）有限公司　组织编写

王　璐　主编

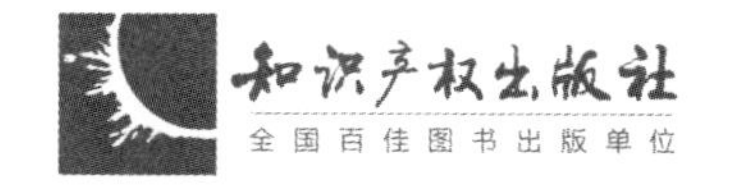

图书在版编目（CIP）数据

撬动环境管理：ISO 14001：2015 运用指南/道尔（中国）有限公司组编；王璐主编．—北京：知识产权出版社，2018.1

ISBN 978－7－5130－5341－9

Ⅰ.①撬…　Ⅱ.①道…　②王…　Ⅲ.①企业环境管理—国际标准—指南　Ⅳ.①X322－65

中国版本图书馆 CIP 数据核字（2017）第 311896 号

责任编辑：石陇辉　　**责任校对：**王　岩

封面设计：章丹露　　**责任出版：**刘译文

撬动环境管理

——ISO 14001：2015 运用指南

道尔（中国）有限公司　组织编写

王　璐　主编

出版发行：知识产权出版社有限责任公司　　**网　　址：**http://www.ipph.cn

社　　址：北京市海淀区气象路 50 号院　　**邮　　编：**100081

责编电话：010－82000860 转 8175　　**责编邮箱：**shilonghui@cnipr.com

发行电话：010－82000860 转 8101/8102　　**发行传真：**010－82000893/82005070/82000270

印　　刷：北京科信印刷有限公司　　**经　　销：**各大网上书店、新华书店及相关专业书店

开　　本：787mm×1092mm　1/16　　**印　　张：**13.25

版　　次：2018 年 1 月第 1 版　　**印　　次：**2018 年 1 月第 1 次印刷

字　　数：260 千字　　**定　　价：**48.00 元

ISBN 978－7－5130－5341－9

主编寄语

中国经济在过去三十多年经历了天翻地覆的变化，但是中国过去三十几年所依赖的粗放型经济增长方式也给自然生态环境造成了极大的破坏。我们每个人既是发展的受益者，也是发展的受害者。当雾霾袭城，无论贫穷还是富有，每个人都在呼吸着"有毒"的空气，无处遁形；当我们找不到没有污染的土壤来种植粮食，食品安全也就成了无根之木。

随着时代更迭、社会进步，清洁健康的环境已经逐渐成为首要的民生诉求。2014年4月《中华人民共和国环境保护法》修订并于2015年1月1日起施行，被称为"史上最严环保法"。2014年11月国务院办公厅发布了《关于加强环境监管执法的通知》（国办发【2014】56号），要求对各类环境违法行为"零容忍"。

2016年5月环保部依据国办发【2014】56号文制定了《关于进一步做好环保违法违规建设项目清理工作的通知》（环办环监【2016】46号），要求对违反建设项目环境影响评价制度和"三同时"制度的建设项目进行全面清理，其中明确要求"2003年《环境影响评价法》实施前开工建设或投入生产，且至今尚未进行改扩建的项目，也一并纳入排查清理范围，统一予以规范，彻底解决新修订的《环境保护法》实施前的各类历史遗留问题"。可见，我国政府解决环境违法历史遗留问题、根除环境违法侥幸心理的决心。

但是我们遗憾地看到，不少企业仍然保持着粗放型经济增长方式下形成的管理思维，一再忽视环境管理，吝于投入资源，最终导致企业在2016年"环保风暴"中被勒令关停，不仅危及企业的生存，更联动影响了供应链企业的生产连续性。2017年9月，著名的"舍弗勒事件"就是企业敏捷应对外部情境变化的经典失效案例。

所以，ISO 14001环境管理体系标准的改版对于当今中国企业而言恰逢其时。ISO 14001：2015提出的4个重要管理思维正是解决中国企业环境管理顽疾的良药，详述如下：

1）环境管理应采用基于风险的思维，使企业能够敏捷地应对社会、经济和法治环境的变化。

当今世界的变化速度和程度均呈加速状态，而中国社会变化的速度又远超绝大多数国家，没有什么经验和知识是长期有效的。一个希望在中国市场有所作为的企业必须时刻保持敏捷应变的能力。2016年“环保风暴”中被关停的很多企业恰恰没有将环境保护纳入自己的风险管理体系，造成了非常被动的后果。

2）企业应采取战略环境管理的思维，将环境保护打造成为企业的竞争支柱之一。

在当今的高速发展状态下，企业面临的不确定性大大增加。企业高层必须具备长远眼光，采取战略管理思维应对内外部环境中的不确定性，消除或降低风险，寻找或创造机遇，将环境保护打造成为企业的竞争支柱之一。

3）强调将环境管理体系融入企业的业务过程，而不是将环境管理工作与业务运行相分离。

不少企业在做环境管理体系时，为了认证而认证，导致环境管理体系和企业实践沦为“两张皮”；也有的企业体系管理人员和业务部门的管理人员各自为政，企业投入人力和时间却没有看到实效。这也是不少企业高层认为ISO 14001没什么用的原因。

事实上，ISO 14001是国际标准化组织融合了全球范围内优秀企业管理经验，最后提炼而成的普适性标准。标准的核心价值在于确保任何规模、任何行业或者成熟度的企业，只要希望改进环境绩效，就能在该标准的帮助下，从零开始搭建一个与优秀企业比肩的系统性管理思维框架。那些感觉“标准没有什么价值”的企业，很有可能是没有真正理解标准的真谛，导致标准无法真正发挥价值。

4）更加强调合规义务，企业应当将合规放在环境管理的首位。

从业十七年，我亲历了环境保护从“墙上的口号”转变为严厉的法律，亲历了ISO 14001从“做文件、审文件”到“环境管理与业务过程融合”的变化，看到了环保组织如何从蹒跚到真正发挥影响力。一个希望在中国市场有所作为的企业必须认识到合规是企业社会责任的第一个层次。没有了合规，就谈不上其他的企业社会责任。

正是认识到了ISO 14001对于中国企业的价值，我一直致力于通过交流、撰文和授课等方式去讲授和传播。我深知个人能力的局限，决定集结更多的EHS职业经理人，通过写书的形式将各自的环境管理知识和经验写下来、传播出去，这也就是这本“绿宝书”的由来。

包括我本人在内的四十五位编者和评审人来自二十余个行业、十几个省市、三个国家，在2017年8～10月为了一个共同的目标奋斗着：那就是借助“绿宝书”的传播，让越来越多的人相信标准、践行标准，使环境保护成为中国企业的基因。

虽然我们与很多同行从未谋面，但我们希望借由“绿宝书”传递一个信念，那就是中国的EHS职业经理人并非孤军奋战，我们是一个团结的职业共同体，我们都有一样的信念，享有共同的职业荣誉感。

罗曼·罗兰在《米开朗基罗传》里曾说：“世界上只有一种真正的英雄主义，那就是认清生活的真相后还依然热爱生活。”每一位在自己的岗位上兢兢业业工作的EHS职业经理人都是这样的英雄。

我们都曾因苦思冥想一个标准条款的含义和管理价值而彻夜失眠；我们也曾面对领导的不理解、不支持，鼓足勇气用热情和专业去说服领导、获得支持；我们还曾站在生产第一线体验企业运行的难点和压力。虽然我们面对不少困难和挑战，但我们仍然愿意磨炼自己、砥砺前行。因为我们深知这份职业对于企业和环境的可持续发展都意义重大。

我们作为环境管理的体系的推进人员，就像是企业的“雷达”，时时扫描企业内外部环境，预测风险、防范风险，使企业绕开危险的“冰山和礁石”；我们更是企业的“保健医生”，做内审、合规性评价，就是为企业“体检”，及时发现“病灶”，及时纠正。因此，无论我们面临多少挑战和困难，我们都对这份职业始终保持一份信念，甚至是信仰！今日书成，经由您手中捧读的“绿宝书”与您相识，这本身就是信念和力量的隔空交流。

感谢您选择了“绿宝书”陪伴您的环境管理体系改进之路。期待“绿宝书”能令诸位读者、同行的环境管理体系成功之路更顺利、更有效！期待“绿宝书”能为中国企业的环境管理体系改进之路助力加油！

感谢四十五位编者和评审人付出的智慧、时间及无私的分享，感谢四十五位编者和评审人与道尔一起又一次达成了社群合作的目标，展示了EHS职业经理人集体力量之巨。

参与本书编写的编者和评审人名单

编　者： 全晶丽　沈思华　孙　妍　吴少梅　华　莹　王　飞　胡华玉
周　玲　邱　丰　房　悦　周秀琴　王建军　孙彦军　张　超
张　泉　李春艳　李鸿博　宋莲芳　郭建伟　王璐（中安谷）
邢胜男　钱　玥　何　叶　王志强　叶美学　崔晓鹏　尹小峰
郭焯民　冯明强　胡　珀　肖　麟　徐　斌　戴群英　王樱蓉
熊正武　黄春玲　赵银屏　谢续记　牛雅婷　李向京

评审人： 陈贤德　高宝玉　孙利民　文黎照

感谢道尔（中国）有限公司品牌设计师章丹露女士的封面设计和运营总监杨安琪女士的大力协助。

感谢每一位为“绿宝书”的诞生付出心血和智慧的人。

道尔（中国）有限公司 EHS 事业部总监

王　璐

2017 年 10 月 13 日夜于北京家中

目　录

 理解组织及其所处的环境

ISO 14001：2015 条款原文

4.1　理解组织及其所处的环境

组织应确定与其宗旨相关并影响其实现环境管理体系预期结果的能力的外部和内部问题。这些问题应包括受组织影响的或能够影响组织的环境状况。

条款解析

本条款是2015版标准的新增内容，也是2015版标准的核心内容之一。组织在确定内外部问题时应当考虑以下三个维度。

1）内外部问题包括受组织影响的或能够影响组织的环境状况，而且组织与内外部问题之间的影响既要考虑负面影响，也要考虑正面影响。

组织的产品、服务和活动与环境之间的影响是双向的，所以组织在确认问题时既要考虑组织对环境的影响，也要考虑环境对组织的影响。例如，由于大气环境污染严重，汽车行业开始考虑大力开发电动汽车，但是电动汽车的电池处理反过来又会成为未来的环境问题。只有在这两个问题都被考虑的情况下，我们才能权衡是否可以大力开发电动汽车。

为了理解内外部问题的范围和来源，示例如下。

①与气候、空气质量、水质量、土地使用、现存污染、自然资源的可获得性、生物多样性等相关的，可能影响组织目的或受组织环境因素影响的环境状况；

②外部的文化、社会、政治、法律、监管、财务、技术、经济、自然及竞争环境，包括国际的、国内的、区域的和地方的；

③组织内部特征或条件，例如，其活动、产品和服务、战略方向、文化与能力（即人员、知识、过程、体系）。

2）确定的内外部问题应与组织的宗旨有关。

2015版标准明确指出，组织所确定的内部和外部问题是与其宗旨相关的。

组织的宗旨是组织经营的理念、意图和战略方向，组织所有的管理体系都是为实现其宗旨服务的。环境管理体系作为组织的管理体系之一，也应服务于其宗旨。所以我们必须要清楚组织的宗旨是什么，才能找对内外部问题，切不可天马行空、漫天

想象。

实践中，组织描述其宗旨时往往非常简练，字面上一眼看去甚至很相似。但由于各个组织的产品、活动和服务具有差异性，因此，即使两个组织具有从字面上看完全一样的宗旨，它们面临的内外部问题很可能大相径庭。在识别组织内外部问题时，要在理解组织特点的基础上领会组织宗旨的内涵，在同一宗旨下可能由于组织内部问题、所处的发展阶段不同而产生不同的组织情境。以下举三个例子说明同一宗旨下不同的组织情境。

①一家石油天然气勘探开发集团既有海洋石油天然气开发业务，也有陆地石油天然气开发业务。虽然集团的环境管理宗旨是相同的，但这两类企业所处的外部环境不同，其面临的外部问题有很大的差异。海洋石油天然气开发业务一般位于海洋环境中，周围没有居民区，与周围环境之间的作用与反作用相对比较简单。陆地石油天然气开发业务一般都会与当地社区存在比较深入的影响与被影响的关系，因此，在考虑环境管理的外部问题时，当地社区的特点就是一个需要重点考虑的方面。

②两家企业均为发电企业，一家是火力发电厂，另一家是水力发电厂。虽然两家企业的宗旨均是向社会供应更加环保和绿色的电力能源，但是它们所面对的内外部问题却因发电工艺的差异而天差地别。火电企业需要考虑的是尽可能地降低氮氧化物、二氧化硫、烟尘、颗粒物等大气污染物的排放浓度和总排放量，而水电企业则要面对尽可能地减少水电运营对周围生态环境影响的挑战。

③一家印刷企业的宗旨是做环保绿色印刷企业，虽然企业当前采用的技术、油墨可满足国家目前的环保标准，但是管理层希望企业成为市场的“领头羊”，因此参与制定更为严格的国家环保标准，那么在未来的2～3年内如何开发新型环保印刷技术和油墨就成为这家企业面临的一个问题或者机遇。

3）内外部问题将影响组织实现其预期结果的能力。

组织设立环境管理体系的最终目的是希望达到预定的环境绩效目标。组织能达到什么样的环境绩效取决于其具备什么样的能力，而这些能力将受到内外部问题的影响。这就意味着组织必须确认哪些问题影响了自己达成预定环境绩效的能力。提醒注意，要考虑组织制定的预期环境绩效目标包括了哪些方面。

➡ 应用要点

1）环境管理体系是组织应用的管理体系之一，组织应当把其纳入日常业务管理的一部分，因此不可孤立看待。本条款提出了战略环境管理的思维，有效地确保了环境管理体系的策划与组织情境保持高度一致。

2）强调识别组织的内外部问题，实际上是要求组织策划环境管理体系时做到知己（内部问题）知彼（外部问题），从而全面地理解条款 6.1.1（应对风险和机遇的措施），作出明智的管理决策。识别时要考虑以下三个方面。

①与气候、空气质量、水质量、土地使用、现存污染、自然资源的可获得性、生物多样性等相关的，可能影响组织或受组织环境因素影响的环境状况的识别能够帮助组织看到目前环境发展的趋势和自身环境的特征。例如，由于森林资源日趋减少，木制品行业中很多原材料供应开发限制在经过认证的森林。

②外部问题从文化、社会、政治、法律、监管、财务、技术、经济、自然及竞争环境等方面的识别可以帮助组织了解产业/行业的关键驱动因素和趋势。例如，随着环保法律法规日趋严格，地方政府根据总体规划不再引入对当地污染物总量控制影响大的行业。

③组织内部特征或条件，例如，其活动、产品和服务、战略方向、文化与能力（即人员、知识、过程、体系）的识别可以帮助组织了解竞争优势和劣势。例如，某电子企业本身处于行业领先地位，产品开发团队成熟，在产品的绿色循环开发上有丰富的经验优势。

3）我们在识别确定内外部问题时：

①由于影响组织发展的方面很多，信息收集范围要全面，在识别之初可以结合各部门日常接触到的信息分类布置到各个部门。

②一定要从组织的宗旨出发，并结合组织自身的特征，并不是所有收集到的信息都会成为问题点。

③识别的过程中对内外部问题的描述要具体化，例如，什么政策的条款，或者哪个具体事件对公司的哪个方面产生了何种程度的影响。

④确定问题时注意组织与环境之间的影响是双向的，包括受组织影响的或能够影响组织的环境状况。而且这种影响既包括负面影响也包括正面影响。这为我们理解条款 6.1.1 ~6.1.3 提供了更好的角度。

➡ 本条款存在的管理价值

1）组织通过确定内外部问题，对需要应对的机遇和风险有了预判，对组织形成主动的、有效的环境管理机制非常有利，符合环境保护中预防高于治理的理念。

2）组织通过运用本条款可以高屋建瓴地策划环境管理体系，站在组织发展的战略高度来思考组织与环境之间的互动关系，从而作出眼光更为长远的环境管理决策。组织可以进一步通过环境管理决策及其实践建立新的竞争优势。

在环境保护理念深入人心的社会环境下，哪个组织的产品、活动与服务更能保护环境，更符合社会发展的大趋势，环境管理体系就可能成为这个组织的竞争支柱之一。2015 版标准提出了战略环境管理思维，既是对社会大众环境保护需要的回应，也是对企业界战略环境管理实践的升华。

➡ ISO 14001：2004 条款内容

2004 版标准无相关条款。

➡ 新旧版本差异分析

2004 版标准没有具体的条文描述，本条款在 2015 版标准中的出现为环境管理体系更好地整合到组织的业务流程中提供了途径和方法，同时提高了体系策划的战略高度。

➡ 转版注意事项

1）本条款是 2015 版标准最大的变化之一。所以，为了转变原有体系思维，需要做好针对本条款的培训，使各个相关部门有意识地运用本条款。

2）体系推进人员需要了解组织各部分信息的来源，同时要根据组织自身的组织架构复杂程度，策划组织内外部问题识别工作的分工和过程。

3）确定环境管理体系的内外部问题，可以与其他体系整合进行，这样会比较容易开展和发现问题。

➡ 制造业运用案例

【正面案例】

某世界 500 强电子企业识别出 REACH（欧盟法规《化学品的注册、评估、授权和限制》）的化学品限制使用要求、顾客环保要求不断提高等外部问题，以及企业现有的生产工艺污染严重、新工艺开发可行性等内部问题。该企业经过全面分析认为新技术应用势在必行，所以将原有的电镀工艺逐渐替换为喷砂工艺，产品在行业中获得更大的市场。

【负面案例】

某企业在某项目的可行性研究阶段，管理层决策时未考虑与环境保护相关的外部问题，仅考虑了该项目在工艺技术和经济方面的可行性。该项目按照要求在开工建设前进行环境影响评价时才发现，当地政府对某一种有害物质的排放限制值严于国家标准，导致该项目的技术和经济可行性大打折扣，最后企业管理层决定该项目另选他址，造成项目投产时间严重滞后，错失了新产品的上市良机。

➡ 服务业运用案例

【正面案例】

某餐饮公司识别出以下问题：支付宝等电子支付系统的运用日渐普及等外部问题，以及服务人员少、招人成本高、时常有顾客投诉服务跟不上等内部问题，最终决定采用顾客自行扫码点菜及支付的电子系统，既减少了纸质菜单的使用、符合公司的环保宗旨，又降低了所需的服务人员的数量。

【负面案例】

某娱乐服务公司承担了某场明星的环保公益活动，但是策划时没有考虑到活动场地垃圾回收设施短缺等外部问题，以及活动的性质、服务人员有限、活动规则通知方式等内部问题，导致宣传活动结束后的宣传单遍地都是，对公益活动造成了负面影响。

➡ 生活中运用案例

【正面案例】

小家庭决定购买一辆轿车作为代步工具使用。通过分析国家政策、周边公共充电桩的便利性等外部问题，以及车辆使用范围、家庭经济能力等内部问题，决定购买一辆电动汽车，既符合电动汽车环保发展的趋势，又获得国家补贴，经济实惠。

【负面案例】

家庭装修选装地暖，没有考虑居住地区冬季最低温度低于-5℃的年份十年一遇等外部问题，以及地暖维护价格贵，老人、孩子不适应地暖等内部问题，导致地暖装好后使用率低，浪费资源。

➡ 组织运行时常见失效点及可能的应对措施

常见失效点	可能的应对措施
管理层及其他各部门对为什么确定内外部问题理解欠缺，觉得没有必要，和环境管理体系无关	1）做好体系意识培训，最好通过组织实际发展过程中的例子说明，使大家通过自身经历的事去思考和体会； 2）与其他体系工作整合进行，避免参与人员重复工作、厌倦懈怠，又可以获得全面的信息

续表

常见失效点	可能的应对措施
推进人员和其他部门交流不足，对内外部问题确定的信息来源收集不全面，对问题确定得不准确	1）推进人员必须熟知自己所在组织的情况，了解组织的特征、流程方式、运营变化，不能只做文案工作，要多观察、多行动； 2）推进人员改变自己的思维模式，由以往的只看局部转变为站在组织最高管理者的角度看全局

➡ 最佳实践

企业在制定组织发展战略时，将环境保护理念纳入企业发展战略，结合质量管理、市场拓展、品牌营销等组织管理的各个重要方面通盘考虑，确保企业在未来的发展中避免出现影响企业生死存亡的环保陷阱，并进一步通过战略环境管理思维，将环境保护打造为长期的竞争优势。

➡ 管理工具包

1）头脑风暴。

2）焦点小组讨论。

3）研讨会。

4）管理层例会。在管理会议上注意捕捉组织各方面的变化，及时确定内外部问题，对于个别方面的问题可以开展一定范围的讨论并形成记录。

5）在内外部问题的确定上可以使用 SWOT、PEST 等分析工具来评估出关键风险点。

2 理解相关方的需求和期望

➡ ISO 14001：2015 条款原文

4.2　理解相关方的需求和期望

组织应确定：

a）与环境管理体系有关的相关方；

b）这些相关方的有关需求和期望（即要求）；

c）这些需求和期望中哪些将成为其合规义务。

➡ 条款解析

识别并分析组织的相关方是为了确定其需求和期望，从而确定哪些需求和期望需要成为合规义务。

常见的相关方及其需求和期望如下。

1）政府。无论组织在哪里开展业务，或多或少都会受到政府的监督和管理，如开发区企业受到开发区管委会的监管，以及环保行政主管部门对企业的环保执法检查等。如果满足不了政府的要求，就可能受到罚款、限产停产、停业关闭等行政处罚。

2）投资者。投资者是组织运营资源投入的决策者之一，很多情况下他们对环境管理体系的首要兴趣在于组织能否达到强制性环保要求，从而避免遭受来自政府的行政处罚，以及从环境管理体系的改进节约成本。

3）顾客。顾客和投资者相似，希望组织不要因为违反法律法规要求遭到依法强制关闭从而影响产品的交付。顾客也可能为了达到自己的环境指标，要求组织能在生产过程中使用可回收或可重复使用的原材料、包装材料等。

4）社区。如果组织的业务对周边地区有潜在的环境影响，如化学品泄漏、恶臭污染或噪声污染，组织周边的社区就成了相关方，他们会关注组织如何实施环境管理。另外，在某些情况下，如果组织排放大气污染物而且扩散距离较远，相对地理位置较远的社区也会受影响，那么这些社区也会关注组织打算如何改进环境绩效。

5）员工。员工能够直接影响组织环境管理体系的绩效，同时员工作为社区的一分子也期待能在一个没有污染的环境中生活，期望他们能够在一个对改善环境作出贡献的组织中工作。

6）非政府组织。非政府组织虽然对组织而言并不具备和政府一样的强制力，但随着非政府组织的社会影响力逐渐扩大，它们通过诉讼、信息公开等方式对组织形成了越来越大的影响力。例如，非政府组织通过发布污染企业调研报告、污染物检测报告、提起环境公益诉讼等方式影响组织的环境管理行为方式，成为不可忽略的“第三种力量”。

组织在识别了相关方的需求和期望后，并不是要将所有的相关方需求和期望均列为合规义务，因为有些要求可能超出了组织当前的能力，或者与组织的环境因素无关。组织要结合自己的能力以及环境因素，思考将哪些需求和期望列为合规义务。例如，某火电企业被政府要求其大气污染物在一年内要达到其他火电企业所承诺的超低排放标准，但是该企业客观分析了自身的经济和技术能力后，发现自己在一年内无法达到超低排放标准，随后回复政府预计需要三年才能达到超低排放标准，并详细陈述了原因和实现方案。最终政府同意了该火电企业的实施方案，超低排放标准暂不列为该企业的合规义务。

➡ 应用要点

1）一个组织的相关方一般可以划分为外部相关方和内部相关方，不要忽略员工等内部相关方。

2）组织要确定有密切或者直接利益关联的各方，了解他们明示或隐含的要求。例如，社区的需求有时就会以比较隐晦的方式出现，组织要通过研讨会、公众参与、访问意见领袖等方式明确其需求，以便采取后续应对措施。

3）相关方名单常常受到许多因素的影响而变化。例如，随着时间推移以及时代发展而产生变化，组织地理位置的变动也会对此产生影响。

4）不是所有的相关方要求都会成为合规义务，组织首先要对这些要求进行相关程度和重要程度判定。

➡ 本条款存在的管理价值

执行本条款有助于促进组织与各相关方的信息交流，从而建立起相互之间的理解、信任以及有效合作。

理解相关方的需求和期望能够使组织从中受益，帮助组织理解哪些需求和期望是必须执行并纳入组织业务流程的，哪些是可以选择性执行的，哪些是可以不予理睬的，以避免“闭门造车”的窘境。

➡ ISO 14001：2004 条款内容

2004 版标准无此项要求。

➡ 新旧版本差异分析

2015 版标准的新增条款。

➡ 转版注意事项

1）本条款第一次体现在标准中，是新版标准最大的变化之一。所以为了转变原有体系的思维，需要针对这个条款进行相应的培训，让员工具有相关方这个要求的思维准备。

2）推进人员需要做好事前的准备工作，了解组织可能涉及的相关方名单，同时要和组织内的相关人员一道去识别这些相关方要求的重要程度以及他们对组织的影响度。

3）需要纳入合规义务的相关方要求应该建立落实跟踪表单。

4）对环境管理体系的相关方要求的管理可以与其他体系整合进行。

➡ 制造业运用案例

【正面案例】

某日化组织顺应客户的要求，在生产过程中秉承绿色理念，生产所用的化工原材料均采用对环境生态影响较小的化工成分，遵循无毒低害原则，并使用可再生资源作为包装材料。虽然成本相对较高，但产品投放市场后因其环境理念受到普遍认可而受到欢迎，从而创造了非常可观的效益。

【负面案例】

某机械制造企业所使用的金属切割机噪声过大，收到了附近三十多家居民的联名抗议信，并有一些居民到当地环保局进行投诉。环保局在调查过程中发现该企业没有与附近居民交流或者调查，因此该企业有可能受到相应处罚或警告。

➡ 服务业运用案例

【正面案例】

某餐饮企业接受了周边居民对其餐饮油烟的投诉后，主动投资 30 万元加装了 8 套新型的油烟净化器。这种油烟净化器一改传统的抽油烟机只抽风不净化的弊病，依靠静电离子吸附净化油烟，不仅使抽风能力更强，而且排出的风很干净，避免了气味污染，有利于员工的身体健康，同时也保护了环境，减少了居民投诉。

【负面案例】

乡村旅游日渐兴盛，一些地方认为只要是乡村就能发展乡村旅游，盲目建设，以破坏自然植被和牺牲环境资源为代价建起了仿古街、文化园、茶园等特色景观，有形无神，并不能满足游客的需求和期望。所以风光了一阵子后游客渐渐稀少，最后成为摆设。

➡ 生活中运用案例

【正面案例】

为响应环保组织的号召，市民在购物时应尽量选用可回收或可重复使用的容器包装物品，外出就餐时尽量不使用一次性餐具。

【负面案例】

在自然景区旅游过程中，游客不遵循旅游区管理员的要求，随意丢弃食品包装及其他废弃物，导致环境受到影响。

➡ 组织运行时常见失效点及可能的应对措施

常见失效点	可能的应对措施
组织对相关方识别不全面，导致某些相关方被忽略	组织进行全方面多角度调研，必要时可咨询专业机构
对于相关方的需求及期望理解不全面或者调查样本不具代表性	通过与相关方的访谈、组织内人员的工作信息收集或者基于以前的经验，组织相关人员进行有效的识别
对相关方要求的重要程度没有分析就全盘接收	基于风险的思维，确定组织需要将哪些相关方的要求列为合规义务

➡ 最佳实践

认清组织自身特点，找准组织的方向，将这些相关方的需求和期望进行筛选，并时刻关注相关方要求的动态，保持组织应对的敏捷性。

➡ 管理工具包

1）召开员工会议，开展头脑风暴。

2）关注相关方动态，使组织环境保护的行动与时俱进。

3）组织团队对组织的关键相关方进行探访调研。

4）与政府密切沟通，确保组织对环境法规的识别和理解没有遗漏或错位。

3 确定环境管理体系的范围

ISO 14001：2015 条款原文

4.3 确定环境管理体系的范围

组织应确定环境管理体系的边界和适用性，以确定其范围。

确定范围时组织应考虑：

a）4.1 所提及的内外部问题；

b）4.2 所提及的合规义务；

c）其组织单元、职能和物理边界；

d）其活动、产品和服务；

e）其实施控制与施加影响的权限和能力。

范围一经界定，该范围内组织的所有活动、产品和服务均需纳入环境管理体系。

范围应作为文件化信息予以保持，并可为相关方所获取。

条款解析

组织需要确定其管理体系范围，从而有效地开展环境管理工作，以免越界管辖或者出现管理漏洞。环境管理体系的范围包括边界和适用性两层含义。

确定环境管理体系的边界和适用性，需要从以下5个方面考虑。

1）条款4.1提到的内部、外部问题。在确定环境管理体系范围时，依据内部或外部的情境变化来确定自己能够管理或可以施加影响的环境状况。例如，组织文化就是“施恩更远”，那么在组织资源可支配的情况下，组织可以依据生命周期观点尽可能将控制措施的策划和实施延伸到可控制或可施加影响的地方。

2）条款4.2所提及的合规义务。在确定环境管理体系范围时，组织应该考虑法律法规的要求、相关方的需求以及组织自愿履行的需求和期望等合规义务，如合同中的约定、自愿提高污染物排放标准等，使得组织可能会在更大程度上通过实施环境管理体系而对环境施加有益的影响。例如，扩大组织关注的环境状况的地理范围，按照相关方要求对产品实施追溯管理和回收。

3）组织在法律上、财务上、实际管理上所控制的业务单元、职能和物理边界，如需要涵盖的职能部门、制造车间、公司厂区、子公司等。

4）要考虑组织活动、产品和服务，一般可以参照组织营业执照上的业务范围加以考虑。

5）考虑组织实施控制与施加影响的权限和能力。超出组织权限的管理活动可能变成纸面要求而无实际效果，影响环境管理体系的推行严肃性；不考虑组织的能力，一味地为保护环境而投入，可能伤及组织的可持续发展能力。

环境管理体系的范围一经界定，该范围内组织的所有活动、产品和服务均需纳入环境管理体系，既不能盲目扩大，也不能随意缩小。

组织的环境管理体系范围应该文件化，并且可以使相关方获取。

➡ 应用要点

如果组织已有环境管理手册，可以在管理手册中将范围列为一项内容，不需要单独文件化。管理体系范围也将是体系认证公司认证的范围。

➡ 本条款存在的管理价值

本条款的价值在于明确了环境管理体系的边界，组织明确知道哪些是组织环境管理体系的管控范围，哪些可以施加影响，哪些可以不予考虑，使得管理的边界清晰，让管理更加有针对性。

➡ ISO 14001：2004 条款内容

4.1　总要求

组织应根据本标准的要求建立、实施、保持和持续改进环境管理体系，确定如何实现这些要求，并形成文件。

组织应界定环境管理体系的范围，并形成文件。

➡ 新旧版本差异分析

2004 版标准只规定了组织需要确定环境管理体系的范围以及形成文件的要求；而 2015 版标准则明确说明了确定环境管理体系的范围所需要考虑的各个因素，要求文件化信息化，同时可为相关方所获取。

➡ 转版注意事项

在原环境管理体系范围不变的情况下，保持 2004 版标准文件，并检查在体系文件中是否体现了如下两方面的要求。

1）在确定环境管理体系的范围时是否考虑了上述5个因素；

2）对相关方的信息交流中是否包含了环境管理体系范围的相关内容。

如果没有或者缺失相关内容，则进行增加或者补充。

➡ 制造业运用案例

【正面案例】

某电梯公司业务涵盖设计、制造、安装、服务、销售等，在确定环境管理体系范围时，不仅包括总部和工厂的环境管理，而且将分布在外的营销人员实施的服务活动也囊括在环境管理体系范围中，形成中国区完整的环境管理体系范围。

【负面案例】

一家印刷制造厂在确定环境管理体系范围时，内部某工序的环境因素会引发外界环境影响，但该工序负责人排斥环境管理体系建立，并强势拒绝配合实施相应改善和控制，因此该公司EHS负责人在申报认证范围时将此工序排除在外，并在审核期间指令该工序人员全部放假，假装没有此业务。最后被审核团队发现后拒绝签发认证证书。

➡ 服务业运用案例

【正面案例】

一家居民区内的蔬菜小超市为了保证蔬菜的质量和新鲜，店员会时常捡摘蔬菜的坏叶等。为了不影响店内和小区环境，他们规定所有的废弃物必须统一回收，集中送供应商处理，严禁随意丢弃或堆放在店内或者小区内，而且要求供应商要确保处理时符合环保要求，很好地保护了周边的环境卫生，以及社会的环境清洁状态。

【负面案例】

某工业园区有集中式餐厅，提供配料、蒸煮、煎炸等一条龙餐饮服务。园区EHS人员因为废油不好处理，所以在实施环境管理体系时谎报餐厅业务范围只有蒸煮，企图逃避废油处理的监控审核。

➡ 生活中运用案例

【正面案例】

张某家装修可能会对张力家所在楼层楼道、电梯、一层楼道以及张某家上下两层的两户邻居产生垃圾和噪声等环境影响。因此这些被影响到的范围均属于张某家环境管理体系的范围。张某在装修前和装修过程中积极主动地和邻居们做好沟通工作，要求施工队及时清理暂时存放在楼道里的建筑垃圾，严守施工时间，尽可能地减少装修施工过程中对邻居的影响，减少邻里纠纷。

【负面案例】

王某在家里开 party、唱 KTV，结果邻居上门投诉。但王某认为反正是在自己家里唱歌，吵到邻居算邻居倒霉，拒不理会邻居的投诉，结果邻居投诉到派出所，警察上门制止。这是因为王某没有对他的活动可能影响到的范围实施有效的环境影响管理所造成的。

➡ 组织运行时常见失效点及可能的应对措施

常见失效点	可能的应对措施
组织的环境管理体系范围不明确，容易导致边界不清，责任互相推诿，该管的没管，不该管的反而管了	从业务、部门、管理控制、地理区域等各个方面交叉综合考虑，明确管理体系的范围
认证范围大于营业执照范围，明明没有研发，却把研发纳入认证范围	认证范围必须小于或等于营业执照范围。此外认证范围应与认证公司确认
因不便管理，不想将哪个产品、服务、活动纳入环境管理体系范围就不纳入，管理的随意性强，不能实现无缝的风险管理，属于掩耳盗铃	按照组织的营业执照范围、活动、服务、产品、组织管理控制架构等确定环境管理体系范围

➡ 最佳实践

组织综合考虑了 5 个因素确定了环境管理体系范围，并将环境管理体系范围文件化，将相关信息公布在相关方可以获取的渠道或者媒体上。

➡ 管理工具包

1）高层会议讨论。

2）思维导图。

3）根据组织营业执照等法定文件确认。

4 环境管理体系

➡ ISO 14001：2015 条款原文

4.4　环境管理体系

为实现组织的预期结果，包括提升其环境绩效，组织应根据本标准的要求建立、实施、保持并持续改进环境管理体系，包括所需的过程及其相互作用。

组织建立并保持环境管理体系时，应考虑在4.1和4.2中所获得的知识。

➡ 条款解析

环境管理体系是组织管理体系的一部分，用于管理环境因素、履行合规义务、应对风险和机遇，最终实现组织的预期结果。

本条款概括了组织实施环境管理体系的输入、目的和管理过程。

（1）环境管理体系的输入

组织在建立环境管理体系时，应考虑条款4.1（即理解组织及其所出的环境）识别出的内部和外部问题以及条款4.2（即理解相关方的需求和期望）识别出的相关方的需求和期望。条款4.1和4.2的输出是组织建立环境管理体系的重要输入，是组织环境管理体系运行的情境，如同编剧在编写一个故事，第一步要交代清楚故事发生的时代背景和社会环境。

（2）环境管理体系的目的

组织应当明确，通过建立和保持环境管理体系希望实现何种预期结果，即达到什么样的管理目标或者效果。

这些预期结果可能包括：

1）预防或减轻不利环境影响。

2）减轻环境状况对组织的潜在不利影响。

3）帮助组织履行合规义务。

4）提升组织的环境绩效。

5）运用生命周期观点，控制或影响组织的产品和服务的设计、制造、交付、消费和处置的方式，能够防止环境影响被无意地转移到生命周期的其他阶段。

6）实施环境友好的且可巩固组织市场地位的可选方案，以获得财务和运营收益。

（3）环境管理体系所需的管理过程及其相互作用

环境管理体系标准为组织实现上述预期结果的管理过程规定了“标准动作”，即各个管理要素，并说明了各个管理要素之间的相互作用。例如，条款4.1和4.2的输出是条款6.1.1（应对风险和机遇的措施－总则）的输入；条款6.1.1、6.1.2（环境因素）和6.1.3（合规义务）的输出是条款6.1.4（措施的策划）的输入。

环境管理体系标准凝结了很多组织的环境管理经验，总结出了组织环境管理的“标准动作”及各个动作之间的联动关系，帮助组织在建立和保持环境管理体系时既避免漏项，也可以避免天马行空，纳入成效不高的“管理动作”。

➡ 应用要点

组织为了实现环境管理的预期结果，在建立和保持环境管理体系之前应当确保组织具备以下知识储备。

1）最高管理层对环境管理体系的价值和作用有深刻的认识，从而支持环境管理体系的建立和保持。

2）组织各部门都清晰地了解自身在整个环境管理体系中的位置和作用，从而能够主动地在自己的工作中运用环境管理体系的思维。

3）体系管理或者推进人员、各部门内审人员对环境管理体系标准有比较深入的理解，具备推进和审查环境管理体系的能力。

➡ 本条款存在的管理价值

本条款概括了环境管理体系的目的、过程和输入，是体系搭建的总纲领，为搭建体系提供框架。

本条款强调体系的运行是一个系统工程，每个工作环节都不是独立的，需要与其他工作环节保持交互作用和影响。

2015版标准强调环境管理体系是一个动态管理系统，组织需要密切关注条款4.1和4.2的变化为环境管理体系带来的组织情境变化，从而敏捷应变。

➡ ISO 14001：2004条款内容

4.1　总要求

组织应根据本标准的要求建立环境管理体系，形成文件。实施、保持和持续改进环境管理体系，并确定它将如何实现这些要求。

➡ 新旧版本差异分析

1）2015 版标准增加了环境管理体系运行时要保持和条款 4.1、4.2 的输出联动。

2）文件化方面，虽然本条款没有提到“形成文件”四个字，但是标准要从整体理解，不能断章取义。2015 版标准各个条款已经对文件化信息提出了具体的要求，例如条款 6.1.2 的环境因素清单。

➡ 转版注意事项

不需要追加文件，只需在管理手册相关条款中增加与条款 4.1 和 4.2 的联动要求。

➡ 制造业运用案例

【正面案例】

某企业为了减少工业废水对环境造成的伤害，首先识别了产生工业废水的企业管理活动，然后对排水环节进行了计量监测，并且时刻保持着排放状态记录，当达到预警线时，提醒控制生产作业时间，减低废水产量。而当开发区对企业的排污要求提升时，企业立刻按照新标准更新了监控频次和方法，并改善了研发和采购环节，以期待通过生命周期的管理提升企业环境绩效。

【负面案例】

企业在生产中会产生工业废水，这些废水一旦超标排放，将对周围环境带来极大的影响。开发区政府也一直对工业废水排放加强监察力度。但是企业无视这些要求，竟然利用晚上的时间偷偷排放工业废水，并制造假数据欺骗环保监察人员。

➡ 服务业运用案例

【正面案例】

酒店为了提升环境管理水平，专门组织各部门领导自觉学习和识别与本职岗位活动相关的环境因素，并对环境因素的环境影响进行集体评价。同时在这种集体的学习交流中，大家也感受到了互相业务之间可能产生的相互影响，并尝试用生命周期的观点尽可能前置一些管理控制措施。

【负面案例】

酒店内部各部门都有自己的职责，企业为了节能降耗，给了所有部门下达了节能降耗的指标，并宣布对没有达标者一定严惩。结果客房部为了完成自己的节能降耗指标，竟然不定期地对客户拉闸断电，并哄骗客户是意外。

➡ 生活中运用案例

【正面案例】

幸福的家庭是相似的，都是互相做好自己该做的事情，同时友好地与其他家庭成员做好各项活动的协作。例如，妈妈每次做饭尽可能少用电和煤气，而爸爸总是第一时间去把垃圾清理掉，而小明则养成随手关灯的好习惯。

【负面案例】

家长对于水资源不关心，每次洗脸都任由水哗哗地流着，这种状态直接影响孩子的习得状态。后来孩子去了学校，对电资源也极其漠然，即使开着空调，也要把窗户打开。

➡ 组织运行时常见失效点及可能的应对措施

常见失效点	可能的应对措施
体系搭建过程中，缺乏全局观。各个过程之间都是孤立的。要么只识别了环境因素，要么就直接发布了一个控制程序，根本看不出二者的关系	利用过程的输入、活动、输出的关系，对所有过程进行穿行试验，看看是否所有的过程可以一环扣一环
组织所处情境发生了变化，组织内部却没有应对措施	建立和保持环境管理体系时要考虑条款 4.1 和 4.2 的输入

➡ 最佳实践

1）2015 版标准强调了“以结果为导向的过程控制”。

2）流程设计紧密结合实际情况，具有可执行性。

3）过程控制，并对排放口实施有效的监视测量，做到有要求、被执行、进行数据分析，并主动改善企业的环境管理现状，以便跟上环境监管的步伐。

➡ 管理工具包

1）全员环境管理体系宣贯培训。

2）体系流程图：识别过程是否漏失。

3）文件穿行实验：检验文件之间的互动关系。

5 领导作用与承诺

ISO 14001：2015 条款原文

5.1 领导作用与承诺

最高管理者应通过下述方面证实其在环境管理体系方面的领导作用和承诺：

a）对环境管理体系的有效性负责；

b）确保建立环境方针和环境目标，并确保其与组织的战略方向及所处的环境相一致；

c）确保将环境管理体系要求融入组织的业务过程；

d）确保可获得环境管理体系所需的资源；

e）就有效环境管理体系的重要性和符合环境管理体系要求的重要性进行沟通；

f）确保环境管理体系实现其预期结果；

g）指导并支持员工对环境管理体系的有效性作出贡献；

h）促进持续改进；

i）支持其他相关管理人员在其职责范围内证实其领导作用。

注：本标准所提及的“业务”可广义地理解为涉及组织存在目的的那些核心活动。

条款解析

组织最高管理者是组织战略的制定者、实施的引领者与督导者，拥有组织资源配置的最大权限，所以最高管理者对待任何一件事的看法直接决定了这件事能够做到什么程度、做得多好和干得多远。环境管理体系的推进必定需要资源的投入，但任何管理活动的实施，如果只有成本的投入而没有预期的收益，通常最高管理者都不会有兴趣。而环境管理体系就是一个可能短时间内看不到效益的支出体系，它在一定程度上要求组织最高管理者有社会责任感、有运营的前瞻性，并且能够知道风险对组织可持续发展的价值。如果最高管理者无法达到这样的认识高度，无法识别这些风险，环境管理体系的推进很可能陷入一种为做而做的尴尬境界。

2015 版标准专门设立领导作用与承诺章节就是想强调最高管理者的责任、决心和推进力对体系运行有效性的作用。它主要从九个方面来阐述高管在推进体系中需要发挥的管理价值。

第一，对环境管理体系的有效性负责。环境管理体系的有效性从三个维度来评价：首先，环境绩效持续提升；其次，能够履行合规义务；最后，确保目标实现。这三个维度，如果任何一个环节没有达到预期目的，那就跟管理层的承诺效果有直接责任。所以在这一点上，只要管理体系的运行没有实现有效性，那么最高管理者就应该先自我检讨而不应该把责任推给员工。

第二，确保建立环境方针和环境目标，并确保其与组织的战略方向及所处的环境相一致。最高管理者与相关的管理者在研读并清晰组织战略方向及其所处环境的基础之上，共同制定组织的发展方向和组织要达到的环境目标。通过方向和目标的设定，能够清晰引领组织所有人员都知道自己应该朝着哪个方向去做和做到什么程度，从而使全员的环境管理体系的思路保持同步同向。

第三，确保可获得的环境管理体系融入组织的业务过程。环境管理体系标准是一个方法论、一个思考的框架。这个方法论必须和每天的日常工作相结合。例如，有些企业在生产过程中会排放一些废水，那么环境管理体系就会提醒企业要识别废水排放这个环境因素以及对环境可能造成的影响。如果影响大，企业可能需要购买废水处理设备来降低这个废水排放对环境的伤害，或者企业可能需要在废水排放这个工作环节规定一些监控类的管理文件。购买设备和编制相应的体系管理文件，都是企业的业务过程，所以这一系列的行为就称为“把管理体系融入组织的业务过程中”。

第四，确保可获得环境管理体系所需的资源。上面已经讲到，环境管理体系的推动必要时需要一些资源的投入来确保目标达成，如购买废水回收设备、检测仪器等。这些都需要资金的投入，只有管理层有权限批准。所以一旦 ISO 14001 的推进中需要一些资源支持，需要管理层给予支持和批准，才能确保这些资源的到位。

第五，就有效环境管理的重要性和符合环境管理体系要求的重要性进行沟通。环境管理体系推行对组织的重要性、推行到什么阶段和状态，各级别员工应该做到什么和了解什么，必须让大家心里都明白，从而工作时不至于“盲人摸象”。

第六，确保环境管理体系实现其预期结果。最高管理者要关注环境绩效是否达到预期结果，尤其是否符合合规义务。

第七，指导并支持员工对环境管理体系的有效性作出贡献。高管层以身作则去了解和推进环境管理，同时也鼓励和支持员工去做对环境改善有意义的事情，将培训的知识转化为行为的改变。

第八，促进持续改进。任何工作没有最好，只有更好。所以高管层应该在组织里建立一种氛围、一种机制，使所有的员工愿意自发自觉地为了环境更美好而努力。而这努力中，仅有意识还不够，还需要一些方法的改善。高管层要带领员工，积极思考改进机会，持续提升保护环境的管理水平，让组织主动走在对环境改善有积极作用的道路上。

第九，支持其他相关管理人员在其职责范围内展示其领导作用。最高管理层不仅指总经理或者董事长，应包括副总级以上的一些层级。但是在组织的管理人员除了高层还有中层、基层级管理人员，包括部长、经理、助理、主管、科长等，这些层级的管理人员也一样需要以身作则去践行环境管理体系中体现的思想和行为要求。在此过程中，高管层应该去支持这些人在其职责范围内表现出必要的作用。

➡ 应用要点

必须让最高管理者了解和参与环境管理体系的建设，增加其在相应活动仪式上的曝光率。

➡ 本条款存在的管理价值

在体系的推进过程中，最高管理层要对体系的有效性承担最终责任，不是只做个姿态就可以，而是要以身作则去策划、参与相关行动，如参与相关的培训以提升自己的环境管理知识、参与环境体系所需的重大活动、对于体系运行需要的资源能给予积极的支持，并能主动协助体系推进者去触发一些环境管理项目的实施，监督下级管理者同样践行标准要求的行为和活动。

➡ ISO 14001：2004 条款内容

2004 版标准基本无此项要求。

➡ 新旧版本差异分析

2015 版标准的新增条款。

➡ 转版注意事项

1）本条款是对最高管理者的要求，均是体系有效运行的必要保证。最高管理者不一定都要亲力亲为，但必须旗帜鲜明地支持管理体系的策划、实施，必要时应该亲自推进或在会议上明确表态。

2）2015 版标准未提及管理者代表，意味着组织是否要继续保留管理者代表一职由组织自行决定。但不管是否设立管理者代表，都不能免除其他管理者身上担负的环境管理责任。

3）建议组织借助转版时机，开展2015版标准知识培训，确保最高管理层能对标准的价值理解透彻，从而实现知其然且知其所以然。

➡ 制造业运用案例

【正面案例】

某制造业最高管理者以身作则，要求公司所有高管参与新版标准的培训，并且在此过程中旗帜鲜明地授权环境管理体系的负责人去行使相关的职责。在推进过程中，只要体系负责人需要帮助，总是第一时间给予回应和确保资源提供。还多次在会议上和案例研讨上提出了自己对环境管理体系有效运行的看法。他要求各级管理人员都要负起责任，让自己管辖范围内的环境因素被控制好。最高管理者的带头带来了企业所有人对环境管理体系的用心，全员对环境管理体系价值也深信不疑。

【负面案例】

某公司企业老总对环境管理体系是什么一点儿也不知道，并且在推进环境管理体系过程中已经明令下属以“拿证”为要求，不用做到那么细致。当员工告知污水排放已经超标时，他的回答是：我去找相关部门内部搞定，排就排吧，没必要花钱搞什么设备，你继续编文件即可。

➡ 服务业运用案例

【正面案例】

某物业的环境管理状态已经达到了基本要求。排污、能源消耗等都做到有序控制，但总经理为了进一步强化环境管理体系的价值以起到全员的教育作用，告知大家下一年度起设定一个新的管理目标，那就是每年在沙漠化地区捐种20棵树。这一行为和决策充分显示了领导对环境管理体系的正面推进意义。

【负面案例】

为了保护环境，某酒店总部下令要求所有的分支机构全部停止使用含磷洗衣粉作业。但是某分店店长考虑到库房内还有大量含磷洗衣粉存量，偷偷地继续使用。

➡ 生活中运用案例

【正面案例】

让孩子从小养成离开家门要关灯、只要不用水就立刻把水龙头关掉的习惯。家里洗菜时尽可能先浸泡再冲洗，避免水流哗哗，并且教育孩子到了外边也应该保持这样保护环境的好习惯。

【负面案例】

某家长带孩子去旅游，住在一个五星级酒店。出去玩耍时，家长把屋里的灯都开着，当孩子提醒这个灯要不要关时，家长说不用关，反正也不花咱家的钱。这种潜移默化的影响会让孩子从小养成非自家资源不珍惜的思维习惯和行为习惯。

➡ 组织运行时常见失效点及可能的应对措施

常见失效点	可能的应对措施
对高管因为畏惧其级别，而在体系沟通时怯头怯尾，致使高管对环境管理体系一知半解，也没有感觉到体系对于业务的影响力	首先体系推进者自己要相信标准的价值，然后才能在推行中有效说服别人。必要时，可以借助内审机会，多人同时和高管层进行沟通，人多力量大，底气也足些
高管层嘴上一套，行动上一套，几乎不参加环境会议或总是点卯即走	提前与高管层约时间，压缩会议或沟通时间到高管层可接受的限度内，必要时抓住机会使高管层必须表态
高管层觉得推行环境管理体系没必要，混个证书即可	借助同行业的风险案例，尤其是导致法律责任或重大经济损失、品牌受损等情况来触动高管层，也可以借助外界专业老师给予有效培训，毕竟“外来的和尚好念经”，并且专业老师见多识广，更能有效地戳到高管层的痛点

➡ 管理工具包

1）召开项目启动会或者专题会议，让最高管理层讲话和表态。用仪式感建立体系的严肃性。

2）组织高层的环境管理体系知识和意识培训。

6 环境方针

ISO 14001：2015 条款原文

5.2 环境方针

最高管理者应在界定的环境管理体系范围内建立、实施并保持环境方针。环境方针应：

a）适合于组织的宗旨和所处的环境，包括其活动、产品和服务的性质、规模和环境影响；

b）为制定环境目标提供框架；

c）包括保护环境的承诺，其中包含污染预防及其他与组织所处环境有关的特定承诺；

注：保护环境的其他特定承诺可包括资源的可持续利用、减缓和适应气候变化、保护生物多样性和生态系统。

d）包括履行其合规义务的承诺；

e）包括持续改进环境管理体系以提升环境绩效的承诺。

环境方针应：

——以文件化信息的形式予以保持；

——在组织内得到沟通；

——可为相关方获取。

条款解析

环境管理体系是组织的一项战略决策。组织制定环境方针为环境管理体系建立了框架和指引方向。

2015 版标准规定环境方针的制定、实施并保持是组织中最高管理者的职责，环境方针的制定必须满足以下 5 点要求。

1）与组织所在的行业领域及环境影响、经营宗旨以及组织内外部环境相适宜。

2）环境方针的制定忌大而不实，既要为组织的整体战略服务，也能够为制定环境目标提供原则。

3）环境方针的内容应包含对保护环境的承诺。

4）环境方针的内容应包含对合规义务的承诺和满足。

5）环境方针对持续改进环境管理体系及提升环境绩效作出承诺。

环境方针应当在组织内部得到沟通。

1）环境方针应当文件化，并获得批准、发放和公告。

2）在组织内部全员知晓环境方针，可以通过会议、文件发放、张贴环境标语和环境海报、培训等多种途径进行沟通，全员培训使员工理解环境方针的理念和原则，并主动将环境方针的理念和原则运用于工作中。

3）适当时或有需要的时候，可以将环境方针传递给相关方，以便它们与组织共同持续改进，从而达到双赢。

4）“沟通”二字代表了组织内部有关环境方针的交流是双向的，绝大多数情况下沟通是由上向下的，但员工通过自身的工作加深了对环境方针的理解，可能会为环境方针发展出新的内涵。

➡ 应用要点

环境方针集中体现了一个组织在环境管理和环境绩效方面的价值观，因此，最高管理者必须参与环境方针的制定，并且签发环境方针，以表示最高管理者对环境方针的认同和支持。

环境方针建立后，组织一定要在组织内部沟通环境方针，使员工不仅知其然，而且知其所以然，在自身的工作中碰到没有具体程序或者指导书的情况下，主动运用环境方针来解决工作中碰到的问题，从而解决文件滞后于实践、文件无法囊括所有实践的难题。因此，环境方针在组织内部沟通的目的是理解和应用，而不是死记硬背。

➡ 本条款存在的管理价值

2015 版标准更加明确最高管理者需要对环境方针的有效性承担责任，这是组织最高管理者义不容辞的责任。最高管理者参与到环境方针的制定过程，发挥了最高管理者在环境管理方面的领导力，使环境方针真正起到激励员工为保护环境而努力的作用。

➡ ISO 14001：2004 条款内容

4.2　环境方针

最高管理者应规定本组织的环境方针，并在界定的环境管理体系范围内，确保其：

a）适合于组织活动、产品和服务的性质、规模和环境影响；

b）包括对持续改进和污染预防的承诺；

c）包括对遵守与其环境因素有关的适用法律法规和其他要求的承诺；

d）提供建立和评审环境目标和指标的框架；

e）形成文件，付诸实施，并予以保持；

f）传达到所有为组织或代表组织工作的人员；

g）可为公众所获取。

➡ 新旧版本差异分析

2015 版标准的本条款相比 2004 版标准差别不大，差别主要体现在 2015 版标准的本条款中引入的 3 个新概念：相关方、文件化信息、在组织内部得到沟通。

➡ 转版注意事项

除联动修改 2015 版新增术语及要求之外，不需要新增文件或者大幅修改。

➡ 制造业运用案例

【正面案例】

某电动汽车公司的环境方针：为了绿色地球和人类未来，公司永远致力于环境保护和可持续发展，以及为员工创造健康、安全的工作环境。为此，我们承诺：

1）遵守环境、努力做到污染预防和事故预防，并且持续改进我们的表现。

2）加强公司全体员工的教育、培训，提高全员的环保意识和安全意识。

3）积极响应禁止或限制有毒有害化学物质的使用，采用环保无害的物质。

这个环境方针也是该公司发展的宗旨，充分在集团内外进行沟通宣传，包括供应商、代理商等都按这个环境方针共同努力，这才造就了该公司今天的业绩。

【负面案例】

一制造公司企业总经理对环境管理体系要注意什么一点也不了解，并且在推行环境管理体系的过程中告诉体系负责人环境方针可有可无、不重要，随便写写保证拿到证书就好，没有必须讨论制定。

➡ 服务业运用案例

【正面案例】

在服务行业酒店，组织将环境方针张贴在门卡的纸套上，让入住的旅客能随手看到环境方针的用语，让酒店住客被影响。

【负面案例】

某大饭店每次有外部机构检查的时候，饭店老板就让大堂经理做一张海报进行环境方针的张贴，检查一结束就把海报撤回去了，完全走形式。

➡ 生活中运用案例

【正面案例】

幼儿园的老师将环保相关的一些图片、语言张贴出来并教会小朋友，让小朋友们从小就有被引导和遵照执行的习惯。

【负面案例】

一家长平时在家以环境保护为由建立了节约用电的家规。某日该家长带小朋友去公园游玩，当孩子看到公园到处都是垃圾，问妈妈要不要把垃圾捡起来丢到垃圾桶时，妈妈说不用管，这是公共场所，捡不完。该家长在家里家外行为不一致，使孩子开始怀疑节约用电的家规是不是真出于环境保护。

➡ 组织运行时常见失效点及可能的应对措施

常见失效点	可能的应对措施
最高管理者每当提到环境方针时，总是感觉环境方针对企业没多大影响，可有可无，也可以随便写	推行体系负责人要相信标准的价值，明白环境方针的益处，推行环境体系环境方针必不可少，必要时可借助第三方咨询机构、分享负面案例等方式使高层改变观念
环境方针太过于泛泛、空洞	全员讨论，让员工参与环境方针的制定过程中，确保环境方针贴近组织实际

➡ 最佳实践

有些企业将环境方针称为“环境宪章”，以表示其严肃性，并请每一位管理层签字以示承诺，然后将签字版的环境方针印刷成精美海报张贴在企业的公示栏等场所，确保所有员工都了解管理层对环境方针的承诺。

➡ 管理工具包

1）召开项目启动会或者专题会议，让最高管理者注重环境方针的发布和实施，并严肃表态、严格执行。

2）组织最高管理者定期进行环境管理体系培训。

3）张贴标语，印刷宣传图片。

7 组织的角色、职责和权限

➡ ISO 14001：2015 条款原文

5.3　组织的角色、职责和权限

最高管理者应确保在组织内部分配并沟通相关角色的职责和权限。

最高管理者应对下列事项分配职责和权限：

a）确保环境管理体系符合本标准的要求；

b）向最高管理者报告环境管理体系的绩效，包括环境绩效。

➡ 条款解析

本条款集中说明了最高管理者在分配和调动人力资源以支持环境管理体系正常运行当中所起到的作用。以下从3个层次解析本条款。

1）为了环境管理体系顺利运行，最高管理者应对组织各岗位人员在环境体系管理工作中的角色予以明确规定，并列出其相应的职责和该职责范围所拥有的权限。例如，环境主管负责环境因素识别，培训主管负责环境因素识别的相关培训，监测人员负责指标监测等。

环境管理体系的成功实施需要组织或代表组织工作的所有人员的承诺，这不只是环境管理部门才承担环境方面的作用和职责。事实上，组织内的其他部门，如研发部、设备部、人事部门等，也不能例外。由此可见，组织的各项环境管理体系的有效实施需要组织内所有与体系运行有关的各部门人员密切配合，因此，明确地规定从事环境管理工作的人员的作用、职责和权限，对指挥、控制、协调组织的环境管理活动以及实现预期结果是至关重要的。

环境管理相关工作人员的作用、职责和权限的规定以及不同职能之间的接口应形成文件，并通过适宜的方法（如培训、文件任命或授权、口头沟通等）传达到相关部门和人员，使相关部门和人员能充分理解其作用、职责和权限，确保所有相关人员各尽其职并相互配合。

2）如同环境保护责任制度中企业负责人对环境保护负整体责任，2015版标准明确最高管理者对组织环境管理体系的符合性负整体责任。在实践中，体系推进或管理人员常常碰到这样的困境：最高管理者认为环境管理体系的运行是体系推进或管理人员的责任，与自己关系不大。这说明，有些最高管理者还没有认识到自身在环境管理体系符合性方面的重要角色和作用。

3）职责和权限一般是由上向下的，但是环境绩效的报告则是由下向上的。最高管理者应确保建立一套由下向上的环境绩效报告系统。一方面，职责和权限的确定和沟通，确保了组织人员在各自的岗位职责范围内对环境管理工作的完成情况负责；另一方面，组织人员通过环境绩效报告系统向最高管理者报告环境绩效，并依据组织确定的环境绩效目标和指标进行考核评估，提出持续改进方案。

➡ 应用要点

1）最高管理者应确保环境管理的职责分解、分配到适宜的岗位，体现“组织全员对体系运行负责”。为什么要由最高管理者来确保“组织内部分配并沟通相关角色的职责和权限”？在条款5.1（领导作用与承诺）中已经提到，最高管理者对环境管理体系的态度和支持决定了体系运行的成败。角色、职责、权限说到底是人力资源的分配，这正是最高管理者体现其领导作用的重要领域之一。因此，与体系运行密切相关的人员的任命和领导应当直接来自于最高管理者，体现其对体系建设和运行的全力支持。

2）最高管理者应给予负有环境管理职责的岗位充分的职权，并提供必备资源，必要时通过沟通确保其理解其职责和权限。

3）组织应对职责权限予以规定并以文件形式确定，可以作为考核各岗位环境绩效的依据。

4）职责分配一般是自上而下的，由最高管理者规定，这种方法对目标指标分解详细，有系统性，不会重复或遗漏。也可以是自下而上的，由每个岗位自身提出，自下而上的方法更符合体系运行全员参与的初衷。应该注意，自下而上的职责可能会出现职责重复，同一职责在各岗位都有，或是职责空置，某一职责大家都认为不是该我做的。因此，需要组织在体系策划层面对其进行评审，防止遗漏，保证系统性。

5）职责和权限应是动态管理的，而非一成不变。体系建立之初，职责权限可以是事先约定的，以标准为依据，将组织自身的工作划块，写进岗位职责，也可以是事后形成的，在实际体系运行中承担了与环境管理体系相关的工作，可以把它写进职责。如果是事后形成的，同样需要组织进行评审。

➡ 本条款存在的管理价值

环境管理体系的运行，说到底还是要依赖组织中人员的工作。本条款集中说明了如何调动组织中的人力资源以支持体系建设和运行的要求。所以，本条款是体系实施的前提和基础，是体系的支柱之一，是环境管理体系得以顺利实施的保障。

本条款要求最高管理者应当确定组织中环境管理工作将由谁来做、做什么、如何做。角色分配是规定由谁来做，确定职责是告诉每个岗位的人做什么，而权限则赋予每个岗位做多少、怎么做、哪些能做、哪些不能做。

只有岗位职责明确，大家才能知道应当在体系运行中做什么。只有将各个角色与环境绩效相关的职责权限明确表述，才能使环境管理体系顺利在各自职责范围内落实和实施，达到组织的预期结果。出现偏差和不符合时可以追溯到具体工作的职责担当。

➡ ISO 14001：2004 条款内容

4.4.1　资源、作用、职责和权限

为便于环境管理工作的有效开展，应对作用、职责和权限作出明确规定，形成文件，并予以传达。

组织的最高管理者应任命专门的管理者代表，无论他（们）是否还负有其他方面的责任，应明确规定其作用、职责和权限，以便：

a）确保按照本标准的要求建立、实施和保持环境管理体系；

b）向最高管理者报告环境管理体系的运行情况以供评审，并提出改进建议。

➡ 新旧版本差异分析

1）2004 版标准 a）条款融入了 2015 版条款 4.4（环境管理体系），这一变更将原有管理者代表负责的建立、实施和保持环境管理体系的责任划归组织，但明确了最高管理者对环境管理体系的符合性负整体责任。

2）2004 版标准 b）条款将报告“运行情况”改为“体系的绩效”，突出了结果导向思维。运行情况是客观结果，而绩效是对比基准或者目标评价后的结果。

3）2004 版标准通过任命管理者代表去强化管理的有效性。2015 版并不是不任命管理者代表，而是将最高管理者的职责规定为“确保分配并沟通相关角色的职责和权限”，再次强调了体系运行不应只依靠管理者代表一人，而是人人有责，以保证组织的环境管理工作被更好地完成。

➡ 转版注意事项

转版时文件并不需要做特别修改，维持原有文件即可。

➡ 制造业运用案例

【正面案例】

某服装制造企业环保安全管理委员会批准了环境管理职责如下。①环保部负责对废水处理池 BOD（生化需氧量）、COD（化学需氧量）、污水外排口指标进行日常监测，每周进行数据统计分析。如遇超标，立即启动预警及联动措施。②运保部负责污水处理系统的日常维保和定期检修，每月将维保计划发送至相关生产部门和行政部。③行政部负责污水处理系统供货商的对外联系，一旦污水处理系统发生故障，应立即停机维修。④环保部、技术部、行政部负责对维修过的污水处理系统进行验收，合格后恢复使用。

【负面案例】

某合资公司中外双方各两位代表组成了环境管理委员会。建立环境管理体系中发现了许多问题，体系推进办公室将需要解决的问题提交环境管理委员会后，由于职责不明，两个领导两个思路，也没人拍板定论，无法形成对环境管理问题的统一解决方案，导致体系推进办公室今天按照中方领导说的做一套方案，明天又按外方领导说的做另一套方案，使得出现的问题迟迟得不到解决，影响了环境管理的效率。

➡ 服务业运用案例

【正面案例】以下为某政府部门《环境管理手册》内容。

能源使用部门职责

能源使用部门应对能源的合理使用负责。

各能源使用部门应做好设备设施的维护保养及日常点检工作。各能源使用部门应按设备管理程序及本程序要求制定相应的设备设施操作规程和作业指导书，规定日常维护保养和点检维修的具体要求。动能设施管网发生故障时，使用部门应及时向公用设施科报告并采取必要补救措施。

各能源使用部门设兼职节能协调员负责本部门的日常节能管理工作，严格执行公用设施科下达的能源消耗费用指标，以控制能源消耗费用，每月对本部门的能源消耗费用执行情况进行检查，采取措施，避免或减少能源浪费。

【负面案例】

某物业服务企业没有明确规定合规义务识别由谁来负责，只规定了各部门和岗位对自己负责的体系运行情况负责。外审中发现不符合项为“法律法规更新不及时”，在整改时出现了如下情况。由于各自负责各自的辨识，各部门说“没有专业资源和渠道获取，这不能怨我们"，环境主管部门说"《手册》明文规定，各自负责各自的运行，这个我们不负责，应由平行部门负责"。最终导致法律法规不符合项无人认领和整改。

➡ 生活中运用案例

【正面案例】

家中装修，家委会开会，三人协商规定由爸爸负责对室内甲醛进行监测和处理。

家中新购置的物品有壁纸、复合地板、板材家具等，爸爸根据职责首先请来了专业机构进行检测。检测结果是甲醛及其他气体超出规定标准。爸爸根据处理职责，采购了一次专业除甲醛，处理后指标合格。然后根据职责要求进行数据监测，购置了一台甲醛测试仪，每周两次对屋内空气进行检测、记录，经过连续两个月的数据监测，均达标，无须进行二次除甲醛作业。

这个例子中，协商、沟通确定的管理职责，并给予其相关权限和资源去采购外部检测、专业除甲醛作业、甲醛测试仪等，使得目标任务顺利完成。如果只给了爸爸职责却不给他资源（钱）去买甲醛测试仪，必然无法进行数据监测，不给他资源（钱与权力）去采购外部除甲醛作业，家中空气必然无法达标。因此，环境管理体系的职责应与权限和资源相对应。

【负面案例】

老旧小区内一楼下水管堵塞，造成了污水外溢，恶臭不止。居民找到小区物业，小区物业说需要启动维修基金才能修缮，又因为同意启动维修基金的人数达不到比例而不能启动，所以小区物业不管。居民又找到居委会，居委会说这不在它们的责任范围内，只能帮忙协调，导致居民一直在各方"协调中"被污水困扰。

➡ 组织运行时常见失效点及可能的应对措施

常见失效点	可能的应对措施
最高管理者不参与环境管理体系的建设和运行，认为这是体系推进人员的责任，和自己关系不大	通过高层意识培训，使最高管理者意识到自身在环境管理体系运行中的重要作用
环境管理体系的角色、职责和权限没有分配到各个岗位	最高管理者应当确保环境管理体系的角色、职责和权限在组织内分配并沟通

续表

常见失效点	可能的应对措施
没有建立环境绩效报告体系，导致组织对体系运行状况不清楚	利用组织现有的电子公文系统或 ERP 等数据管理和报告系统，收集环境绩效数据

➡ 最佳实践

最高管理者应通过会议、活动、环境方针等体现其对环境管理体系的符合性负整体责任。

最高管理者确保环境管理体系的运行分配到各个角色中，并且明确相关角色的职责和权限；同时各个角色也通过体系培训、文件学习、体系会议等方式理解了自己的职责和权限。本条款此处应与条款7.1（资源）相结合，因为仅有权限和职责、没有资源是无法完成管理活动的。

最高管理者确保通过电子公文系统、ERP 等系统建立环境绩效报告系统，确保环境管理体系的绩效能够由下至上汇报到最高管理者，从而为体系的持续改进提供信息支持。

➡ 管理工具包

培训、会议、电子公文系统、ERP 系统。

8 应对风险和机遇的措施

➡ ISO 14001：2015 条款原文

6.1　应对风险和机遇的措施

6.1.1　总则

组织应建立、实施并保持满足 6.1.1～6.1.4 的要求所需的过程。

策划环境管理体系时，组织应考虑：

a）4.1 提及的问题；

b）4.2 提及的要求；

c）其环境管理体系的范围。

并且，应确定与环境因素（见 6.1.2）、合规义务（见 6.1.3）、4.1 和 4.2 中识别的其他问题和要求相关的需要应对的风险和机遇，以：

——确保环境管理体系能够实现其预期结果；

——预防或减少不期望的影响，包括外部环境状况对组织的潜在影响；

——实现持续改进。

组织应确定其环境管理体系范围内的潜在紧急情况，包括那些可能具有环境影响的潜在紧急情况。

组织应保持以下内容的文件化信息：

——需要应对的风险和机遇；

——6.1.1～6.1.4 中所需的过程，其详尽程度应使人确信这些过程能按策划得到实施。

➡ 条款解析

环境管理体系本身就是为组织提供一种环境管理框架，使得组织能对不确定性作出及时积极的响应。为了制定有效的措施、更好地应对风险和机遇，条款 6.1.1 重点为组织环境管理体系的策划活动提供了一个系统的指导和总体原则。

本条款第一句话高度概括了条款 6.1.1，明确了策划环节不仅仅是本条款的内容，而是涉及 6.1.1～6.1.4 的四方面的内容。

按照先思考内外部问题、相关方要求，再确定风险和机遇，最后策划管理措施的逻辑顺序，本条款中重点讲了以下有关环境管理体系策划的三件事：第一，策划时，要考虑些什么；第二，策划时，要确定些什么；第三，策划时，最终要实现何种结果或达到何种目的。

首先，策划应该从哪些方面考虑才不出疏漏呢？或者作为一名体系管理人员，该如何入手做好策划工作呢？本条款给出了清晰的指引，即：

1）要考虑条款4.1（理解组织及其所处的环境）的输出，看看组织有哪些与环境管理有关的内部外部问题。

2）要考虑条款4.2（理解相关方的需求和期望）的输出，看看有哪些相关方，它们的需求又是什么。

3）要考虑环境管理体系的范围，这是环境管理活动的界限。

如何识别这些问题不在这里过多赘述，可以参考前文对应条款的解释。在这里更强调的是条款6.1.1对条款4.1、4.2和4.3所获得的重要信息的运用。

紧接着，策划时要明确什么？

要明确风险、明确机遇，包括：

1）操作层面的风险和机遇——环境因素有关的（条款6.1.2）。

2）法律法规层面的风险和机遇——合规义务（条款6.1.3）。

3）战略经营层面的风险和机遇——条款4.1和4.2的情况和要求。

这些需要应对的风险和机遇必须以文件化的信息保存下来，并根据变化随时调整更新。

最后，制定应对措施以确保环境管理体系的有效运行，降低不期望的结果，并保证能持续改进。通俗地讲，就是说制定的措施要管用、能降低风险，而且制定的措施并不是一成不变的，一定是随内外部环境的改变而调整的，能够不断改进。前面两件事所做的努力都是为了更周密精准地做好这第三件事。

本条款中还提出，要识别环境管理体系范围内的潜在紧急情况，这个要求比较好理解。只有识别出潜在的紧急情况，充分认识到可能出现的不利环境影响以及环境对组织活动的不利影响，才能做到提前策划预防和应对措施。这一点出现在策划阶段条款，是提醒大家充分考虑可预见的潜在的紧急情况。

在本条款的最后，特别提出保持文件化信息的要求。除了需要应对的风险和机遇的文件化信息以外，整个策划过程从条款6.1.1至条款6.1.4都需要文件化信息来支持，以确保整个过程是按照组织的策划进行的。

那么该保留哪些文件化的信息？要保留多少呢？来看看条款后面说的“确信这些过程能按策划得到实施”。“确信”二字，就是确实相信、有足够信心的相信。因此，本条款的文件化信息要求为：文件化信息（必要的文件）应当足以使人有足够的信心相信组织能够按照策划将这些过程落实和实施。反之，文件化信息太少，不足以指导和支撑组织的实践，组织在体系认证过程中会面临不符合的风险。文件化信息太过繁冗复杂会降低工作效率。所以文件化信息的详尽程度，因各个不同组织的实际情况而详略不同，具体详细到什么程度由组织自行决定。

➡ 应用要点

1）策划就是在应用条款4.1、4.2 和4.3 获取到的信息。因此在落实条款6.1.1 的要求之前，一定要落实好条款4.1、4.2 和4.3 的要求，充分识别出内部外部问题、风险与机遇以及相关方的需求，这是重要的前提，也是2015 版标准的重大改变。

2）在落实条款6.1.1 的要求时，一定要养成系统化思考的习惯。周密不遗漏、前后连贯起来，系统考虑，避免疏漏。风险的识别要采用多种适宜的方法，做到科学、全面。

3）动态管理策划过程。随着组织内部、外部环境的变化，及时识别新的问题、风险与机遇以及相关方的需求，并制定相应的应对措施，保持体系运行的敏捷性。

4）必须保持足够的文件化信息。需要应对的风险与机遇以及条款6.1.1 ~6.1.4 中所需的过程一定要文件化，并定期或者随时更新。

➡ 本条款存在的管理价值

环境管理体系同质量管理体系一样，都是采用的策划（P）— 实施（D）— 检查（C）—改进（A）的基本思维方法。排在第一位的就是策划。策划活动组织得好，就会为后续所有活动打下良好的基础。如果策划上出现失误，后续活动即便再努力，不论耗费多少资源，也很可能无法得到满意的效果。因此，无论做哪种体系，在策划阶段一定要充分细致，保证预期结果的实现，这是整个体系的建立和运行中最基础、最重要的一步。2015 版标准强调了策划的重要性，特别单立章节重点阐述策划过程。为了更好地做好策划活动，避免疏漏，本条款特别给出了策划的原则和要求，这为各个组织的策划活动提供了系统的指导，也是组织将风险与机遇的管控真正融入组织业务过程的开始，是2015 版标准中最重要的一笔。

➡ ISO 14001：2004 条款内容

2014 版标准无相关条款。

➡ 新旧版本差异分析

在2004版标准中，策划的部分并没有单独列出条款6.1.1的内容。在2015版标准中，增加了识别组织内外部问题（4.1）和相关方的要求（4.2），组织运用条款4.1和4.2获得的知识时很重要的一个环节就是条款6.1的策划活动。2015版标准中的条款6.1.1为如何运用识别出的风险与机遇等知识提供了系统的指导和要求。

➡ 转版注意事项

因为本条款是2015版标准的重要新增内容，在转版过程中一定要重视每一个细节要求。要做好策划，一定要先弄清楚条款4.1、4.2和4.3的要求，并在策划过程中充分加以考虑，不要出现疏漏。

良好的策划是非常重要的。没有良好的策划，不会有预期的良好效果。作为体系管理人员，要重视策划环节，在没有完成策划工作的时候不要急于去实施。俗话说得好，磨刀不误砍柴工，策划就是在磨刀。

在条款6.1.1下至少要保持三个文件化信息：需要应对的风险和机遇清单；确定需要应对的风险和机遇的过程；确定环境管理体系范围内潜在紧急情况的过程。

➡ 制造业运用案例

【正面案例】

一家外资钣金加工企业在中国建厂投产，主要生产工艺为切割、冲压、焊接、铆接、喷涂、装配等。该企业的喷涂由自己的喷涂车间完成。在做建厂规划初期，该企业充分了解了厂址所在地对环境管理方面的要求以及环境有关的法律法规的要求。通过座谈会议、与政府主管部门交流、网上查询信息、咨询相关律师等多种形式，该企业了解到政府对工业污水排放的严格控制，识别出一旦违规排放，不仅对水体造成污染，企业也将面临因违反法律法规要求而关厂的风险。为了降低这种风险，该企业制定出要购买最新最环保的喷涂生产线这一应对措施。当从德国购置了最先进的自动喷涂生产线并投入使用以后，喷涂过程产生的含酸、碱成分的工业废水被科学高效的中和处理，经过进一步无害化处理后，可以放心地排放到市政污水处理网络中。因为前期充分了解了内外部情况，准确识别了风险，并选择了最恰当的应对措施，这家企业在后续的经营活动中一直保持良好的环境绩效。相比之下，那些为了降低成本而选择承担风险、采用落后的非环保喷涂生产线的企业，因为违规超标排放不得不掏出高额罚款，有的甚至停产、关厂。

【负面案例】

2005 年，某石化公司的一个车间发生爆炸，约 100 吨苯类物质（苯、硝基苯等）流入当地主要的大江中，造成了江水严重污染，沿岸数百万名居民的生活受到严重影响。

此次重大水污染事件的直接原因是，该公司没有制定事故紧急状态下防止受污染的“清净下水”流入江河的措施，爆炸事故发生后，未能及时采取有效措施，防止泄漏出来的部分物料和循环水及抢救事故现场消防水与残余物料的混合物流入江中。

污染事件的间接原因是，该公司对可能发生的事故会引发江水污染问题没有进行深入研究（条款 4.1、4.2 没做充分），说明对企业的内部外部情况以及由此带来的风险和机遇识别不够（条款 6.1.1 潜在的紧急情况没识别），对污染江水这一潜在紧急情况的认识不足，也没有针对这一风险制定应急预案等应对措施（条款 6.1.4 没落实）。可见，在化工企业的环保安全的策划活动中，稍有疏漏就有可能造成灾难性的后果。

➡ 服务业运用案例

【正面案例】

星级酒店每天都要更换、清洗客人用过的被罩、床单、毛巾等用品，需要消耗大量的清洗剂和水，而含磷的清洗剂又会对水资源造成污染。酒店的管理人员意识到水资源越来越紧张，水费越来越贵，国家对水污染防治的立法也越来越严格等，这些外部环境，又考虑内部管理上，频繁更换床单、被罩、毛巾也需要耗用更多的劳动时间和人力资源。为了减少污染、节约能源，经过策划，很多酒店都会在床头摆上一个环保提示，委婉地建议旅客只在必需的时候更换床单。这样既满足了顾客这一重要相关方的需求，又节约了能源，同时也节省了内部的管理成本，可谓一举多得。

【负面案例】

2016 年，浙江省某企业医务室的工作人员将数百瓶未经任何处理的氯化钠注射液瓶抛撒在附近的河岸边，有的瓶子滚落在河边，有的瓶子已经破裂，还有大量的盐水瓶和药水瓶漂浮在水面上。接到群众举报后，当地环保局立即组织调查，并对医疗废弃物进行紧急处置。幸运的是，因为及时处置，河水经过监测并没有受到严重的污染。经调查，该企业医务室不止一次以这样的方式处理医疗垃圾。因为违反《浙江省固体废物污染环境防治条例》第五十六条，随意倾倒、堆放、抛撒危险废弃物，该企业被处以 10 万元以内的高额罚款。该企业在策划识别环境因素的时候，忽略了医务室医疗垃圾的处理过程，没有考虑到相关风险，给企业造成了不必要的经济损失。

➡ 生活中运用案例

【正面案例】

日常生活中很多活动都离不开策划，如婚礼的组织和安排、新房装修活动、旅游活动的计划、同窗好友聚会活动的组织等。要想让这些活动达到满意的效果，都离不开很好的策划活动。下面就以家庭装修为例来说明。

小明家刚刚拿到了新房的钥匙，因为新房子离小明上学地点很近，全家人都希望能尽快完成装修，及早入住。这一天饭后，小明的爸爸妈妈一起讨论装修的事宜（策划活动开始）。

爸爸说："最近京津冀地区治理大气污染，很多施工作业都因为环境污染被停工了。特别是采暖季以后很多建筑施工都被停止几个月。我们的装修也会有施工垃圾产生，还要运输一些建筑材料，不知道会不会受影响。"（识别外部问题、风险的影响）

妈妈说："这次要好好装修一下，电路改造一定要在厨房厕所多留几个插座。听说现在装修都很贵，像咱家这么大的房子至少得 20 万元，咱们手里可以用的钱好像还不够。"（识别内部问题）

小明（相关方的需要）在一旁说："我要在我的房间放一个上下铺，上面睡觉，下面学习。"

全家人又讨论了一个晚上，达成了以下共识。

1）爸爸去咨询物业有关装修的要求（相关方要求），以及施工垃圾处理的办法；

2）妈妈负责了解比对装修公司的价格，并提前借用部分装修费用。

很快，家庭会议又一次召开，综合爸爸妈妈获得的信息制定出如下的装修计划（策划实施方案）。

1）装修活动不受大气污染治理政策的限制，可以正常施工，但是施工材料最好让装修公司提前准备好，以免因为限制运输导致装修的停滞。（避免潜在不利影响）

2）选择知名的三家装修公司中性价比最高的一家完成装修工作，由装修公司出具体设计方案。

3）装修开始前要签署施工协议（保留文件化信息），要求装修施工人员必须按照物业的要求缴纳装修押金，并及时清运施工垃圾。

4）考虑到邻居（相关方的需求）会受到装修噪声的影响，施工前妈妈要提前和邻居打招呼，尽量在大家都去上班的时间进行有噪声的作业。

随后，他们选定了一家知名的装修公司开始了装修活动。在每一步之前都充分了解信息，与物业、装修公司、施工人员等多方沟通，充分识别装修过程中外部政策环境、内部问题及装修细节可能出现的潜在问题和影响，并讨论制定了对应的应对措施，所有的策划充分严谨，确保了装修工作顺利完成。

从这个案例看出策划活动可能不是一次完成的，某些情况下策划随着活动的进展而调整和细化。

【负面案例】

近年来驴友外出活动发生事故的情况时有报道。曾经有几名上海大学生在原始森林探险时，因为干粮耗尽两名女队员受困虚脱，最后经过 200 多人几天的营救幸运脱险。还有一些驴友就没那么幸运了。2009 年，重庆万州区潭獐峡流域山洪暴发，35 名驴友遇险，上千名救援人员连日搜救，最终确认 19 人遇难、16 人获救，被称为当时“中国户外活动史上最大灾难”。这些驴友遇险的一个共性的原因就是对旅途中将面临的风险认识不足：没有充分认识团队内部的问题，如团队人员的体力、携带的给养数量等；没有认识到外部问题，如活动路线的长短、活动线路周边的天气和水文等情况。如果能在活动开始之前充分调查，识别潜在的紧急情况，了解旅途中的各种风险，就能很好地避免危险事故的发生。

➡ 组织运行时常见失效点及可能的应对措施

常见失效点	可能的应对措施
对风险和机遇的认识不全面或遗漏	1）组织要更多关注自身所处的环境。 2）选择适合组织的风险确定方法。如何识别风险和机遇，很多组织都经验不足。因此要注意学习先进的经验和科学的方法，应用到自己的组织中去，并在实践中不断总结和提升。必要的时候可以借助咨询公司的力量，组织有针对性的培训，以使得组织的成员能尽快地掌握风险识别的方法。 3）风险识别必须考虑过去的经验和未来可能的紧急情况
对变化的风险和机遇的确定不及时	风险与机遇的识别要做到动态管理，责任落实到岗位，建立风险管控的机制，以保证当外界发生变化的时候能够及时识别风险，为管理提供必要的信息
未考虑条款 4.1、4.2、4.3、6.1.2 和 6.1.3	组织在管理手册或者与需要应对的风险和机遇相关的管理控制程序中，应当清晰地说明该策划过程的输入，避免漏项
没有形成需要应对的风险与机遇清单	根据标准要求，形成需要应对的风险与机遇清单

➡ 最佳实践

很多管理规范的大企业，往往会设置专门的法务部从事合规管理工作。与环境管理有关的风险识别，应当由来自公司的各个部门的有经验的人员来共同进行，包括环境管理部门、法务部门或者风控部门。必要时应在管理层会议中进行充分的讨论和沟通。这能够帮助企业从不同的角度尽可能全面地识别风险。

通常在策划过程中，可以生成《合规评价表》《环境因素清单》《重大环境因素及控制措施》《风险与机遇分析表》《相关方及其需求》等主要的文件化信息，为环境体系运行工作提供必要的文件化的信息。

➡ 管理工具包

在具体识别风险并评价时，需要综合利用一些专门技术和工具，以保证高效率地识别风险并不发生遗漏。这些方法部分列举如下。

1）SWOT 分析。SWOT 分析法是一种环境分析方法，是从优势（S）、劣势（W）、机遇（O）和挑战（T）四个维度进行分析。

2）专家调查法。专家调查法是众多专家就某一专题达成一致意见的一种方法。这种方法有助于减少数据的偏倚，并防止任何个人对结果不适当地产生过大的影响。

3）头脑风暴法。头脑风暴法的目的是取得一份综合的风险清单。可以以风险类别作为基础框架，然后再对风险分类，并进一步对其定义加以明确。

4）检查表。检查表是管理中用来记录和整理数据的常用工具。用它进行风险识别时，将项目可能发生的许多潜在风险列于一个表上，供识别人员检查核对，用来判别某项目是否存在表中所列或类似的风险。检查表所列的都是历史上类似项目曾发生过的风险，是风险管理经验的结晶。

5）LEC 风险评价法。这是将事故或危险事件发生的可能性（L）、暴露于危险环境的频率（E）及危险严重程度（C）这三者的乘积作为将作业的危险性（D）的评判依据的一种方法。

9 环境因素

➡ ISO 14001：2015 条款原文

6.1.2　环境因素

组织应在所界定的环境管理体系范围内，确定其活动、产品和服务中能够控制和能够施加影响的环境因素及其相关的环境影响。此时应考虑生命周期观点。

确定环境因素时，组织必须考虑：

a）变更，包括已纳入计划的或新开发，以及新的或修改的活动、产品和服务；

b）异常状况和可合理预见的紧急情况。

组织应运用所建立的准则，确定那些具有或可能具有重大环境影响的环境因素，即重要环境因素。适当时，组织应在其各层次和职能间沟通其重要环境因素。

组织应保持以下内容的文件化信息：

——环境因素及相关环境影响；

——用于确定其重要环境因素的准则；

——重要环境因素。

注：重要环境因素可能导致与不利环境影响（威胁）或有益环境影响（机会）有关的风险和机遇。

➡ 条款解析

这个条款要求组织完成两个层次的工作。

1）确定其环境管理体系范围内的产品、活动、服务中能够控制和能够施加影响的环境因素及其相关的环境影响。

2）在确定了环境因素的基础上，进一步确定需要通过环境管理体系管理的重要环境因素。

这个条款的关键词有 5 个：产品、活动、服务；环境因素；环境影响；生命周期观点；重要环境因素。

1）所有的产品、活动或者服务都可能产生环境影响，而且在生命周期的任何阶段都可能产生环境影响。组织理解和分析产品、活动或者服务的特性，有助于组织确定环境因素及相关环境影响。

组织不必针对每个产品、活动、服务确定环境因素，评价环境影响。当某些产品、活动和服务具有相同特性时，可以对其分组或者分类，确定每组或者每类的环境因素即可。例如，一个饼干生产厂生产甜味饼干和咸味饼干，工艺流程相同、所用的原材料基本相同、产品相似，没有必要分别确定两种产品的环境因素及相关环境影响，只确定饼干这一类产品的环境因素即可。

2）确定环境因素时必须考虑：

①两个方面（能够直接控制的、能够施加影响的）；

②三种状态（正常、异常、可合理预见的紧急情况）；

③三个时态（过去、现在、将来）；

④变更（预期的和非预期的，计划的或新开发、新的或修改的）。

组织应当考虑与其活动、产品和服务相关的环境因素，其范围可以包括：

①设施、过程、产品和服务的设计开发；

②原材料的获取，包括开采；

③运行或者制造过程，包括仓储；

④设施、组织的资产和基础设施的运行和维护；

⑤外部供方的环境绩效和实践；

⑥产品运输和服务交付；

⑦产品存储、使用和寿命结束后的处理；

⑧废弃物管理，包括再利用、翻新、再循环和处置。

在确定环境因素时，组织可能考虑8个方面：

①向大气的排放，如燃烧废气的排放、工业粉尘的排放，包括有组织排放和无组织排放；

②向水体的排放，如生产废水的排放、固体废弃物的倾倒；

③向土地的排放，如固体废弃物贮存产生的渗滤液的排放、生活污水的排放、农药施用、化肥施用；

④原材料和自然资源的使用，如淡水的使用；

⑤能源使用，如电、煤、油的使用；

⑥能量释放，如热能、辐射、振动（噪声）和光能；

⑦废弃物和（或）副产品的产生，如危险废弃物的生产；

⑧空间利用，如高层建筑建设会造成的光遮挡、光污染、高楼风及对城市景观的影响。

根据2015版标准术语3.2.2和3.2.4，环境因素是一个组织的活动、产品和服务中与环境或能与环境发生相互作用的要素。环境影响是全部或部分地由组织的环境因素给环境造成的不利或者有益的变化。因此，环境因素是能够产生环境影响的要素。

环境因素通常可以描述为“物质或污染物的名称与某一行动或动作的组合”，污染物的名称应明确到有关污染物质种类或组分，如电镀废水的排放、锅炉烟气的排放、材料的利用和再利用、能源和资源的消耗、噪声的产生、危险化学品的泄漏等。

确定环境因素不是一劳永逸的，要定期或不定期更新。当产品、服务或者活动发生了预期内或预期外的变更，或出现了新的科学技术发现，或法律法规发生变化时，应重新确定环境因素。

3）环境影响具有下列特征。

①环境因素和环境影响之间是因果关系，包括直接影响和间接影响；

②环境影响包括不利影响和有益影响；

③环境影响可能是一次性的或者是经自然累积的；

④环境影响发生的地理范围可能是地方、局部区域或全球。

一个环境因素可能导致一种或多种环境影响，如将含重金属的污水排放到河流里，会影响河水水质，造成河流底泥重金属累积、水生物重金属富集中毒，水生生态系统遭到破坏等。

4）2015版标准在条款6.1.2和条款8.1（运行策划和控制）中明确提出了生命周期观点。虽然2015版标准明确纳入了生命周期观点，但并没有要求组织进行详细的生命周期评价或者分析。

组织是否采用生命周期分析或者评价方法来确定环境因素，由组织自行决定。在确定环境因素时，组织只要认真（定性）考虑组织能够控制的和能够施加影响的生命阶段就足够了。

可以从两个角度理解生命周期观点在环境管理体系中的运用。

第一，产品、活动或者服务的典型生命周期阶段。应当考虑组织的活动、产品和服务在各个生命周期阶段的环境因素及其影响。例如，家用电器在废弃环节的环境影响远远大于运输环节，因此，家用电器生产制造商如果能在设计阶段、原材料采购环节考虑生命周期观点，就会采用更节能的设计、采用可回收利用的材料制造家电，从而降低家用电器在使用环节和废弃环节对环境的不利影响。

第二，从组织能够控制或者能够施加影响的角度来应用生命周期观点。每一个组织都生活在一个复杂的交易网络之中。虽然组织不能直接控制外包方或者供方提供的活动、产品、服务的环境影响，但在每一个交易环节，组织都会有一次向外包方或者供方施加影响的机会，降低负面环境影响、提升正面环境影响。例如，采用生命周期观点我们会发现，网络电商通过在供应链上实施低耗能产品采购政策，将会比它们在自己的仓储和物流环节减少能耗更为有效地减少环境影响。

组织在考虑生命周期观点后，可能会发现自己比之前想象得有更大的能力或者影响力去降低负面环境影响，提升正面环境影响，避免组织无意中将环境影响转移到了其他生命阶段。

5）ISO 4001 要求组织管理的是重要环境因素（参见 2015 版标准条款 6. 1. 4），而不是所有的环境因素。因此，重要环境因素的评价就特别重要，它决定了组织对环境因素的管理方向是否是正确的。

评价重要环境因素的方法不是唯一的，但各种方法应当可以提供一致的结果。组织应设立其确定重要环境因素的准则。环境准则是评价环境因素基本的和最低限度的准则。准则可考虑以下因素。

①可与环境因素有关（如类型、规模、频次等）；

②可与环境影响有关（如规模、严重程度、暴露时间等）；

③其他（如法律要求、相关方关注等）。

重要环境因素可能导致与不利环境影响或者有益环境影响有关的风险和机遇，应当将确定与环境因素有关的风险和机遇作为重要环境因素评价的一部分。

组织可以根据情境选择定性或者定量的方法，也可以采取其他准则，如法律法规的要求、相关方的需求，或者采用一定的阈值，只要超过这一阈值的，就被认为是重要环境因素。

2015 版标准条款 6. 1. 2 纳入了 2004 版标准中有关环境因素的信息交流条款（2004 版标准条款 4. 4. 3 中的一部分）。适当时，组织应在其各层次和职能间沟通重要环境因素。

➡ 应用要点

环境因素识别和重要环境因素评价是环境管理体系建立过程中的一个重要的环节，是组织维持环境管理体系长期稳定运行的基础，其核心要求是：

1）组织对其环境管理体系范围内的活动、产品、服务中能够控制和能够施加影响的环境因素及其相关环境影响进行识别。环境因素及其环境影响的识别要全面，避免遗漏。

2）建立并运用适当的规则，对环境因素进行评价，评价出重要环境因素。

3）适当时，应在其各层次和职能间沟通重要环境因素。

4）应保持环境因素及相关环境影响、重要环境因素及其确定准则的文件化信息。

➡ 本条款存在的管理价值

条款6.1.2是2015版标准中的重要条款之一。2015版标准中有多个条款（如6.1.1、6.1.3、6.1.4、6.2.1、7.2、7.3、9.3）都和环境因素或重要环境因素有关。因此，环境因素的全面识别、重要环境因素的评价及管理，是环境管理体系建立和有效运行的基础和重点。只有正确地识别评价出重要环境因素并使其处于受控状态，环境管理体系才能得以持续改进、实现预期结果，提升环境绩效。

重要环境因素可能导致与不利环境影响或有益环境影响有关的风险和机遇。组织应确定与环境因素有关的需要应对的风险和机遇。一些由重要环境因素导致的风险一旦失控，会造成非常严重的环境问题，如某石化公司车间发生爆炸造成的水体污染事件。

➡ ISO 14001：2004 条款内容

4.3.1 组织应建立、实施并保持一个或多个程序，用来：

a）识别其环境管理体系覆盖范围内的活动、产品和服务中它能够控制或能够施加影响的环境因素，此时应考虑到已纳入计划的或新开发、新的或修改的活动、产品和服务等因素；

b）确定对环境具有或可能具有重大影响的因素（即重要环境因素）。

组织应将这些信息形成文件并及时更新。

组织应确保在建立、实施和保持环境管理体系时，对重要环境因素加以考虑。

➡ 新旧版本差异分析

2015版标准明确要求组织应确定其产品、活动和服务中能够控制和能够施加影响的环境因素及其相关环境影响，必须考虑变更、异常和紧急状况，并且要求在确定环境因素时应考虑生命周期观点。这是与2004版标准最大的不同之处。另一个不同之处是要求确定环境因素的环境影响。

在文件化信息方面，2015版标准除了要将环境因素及相关环境影响、重要环境因素等文件化之外，特别提出将用于确定重要环境因素的准则文件化。

2015版标准把2004版标准中有关环境因素的信息交流条款（2004版4.4.3）中的一部分放在了这个条款中，要求组织在适当时应对其重要环境因素在各层次和职能之间进行沟通。

此外，2015版明确说明重要环境因素可能导致相关的风险和机遇，因此，重要环境因素不仅包括负面的环境因素，也包括正面的环境因素。

➡ 转版注意事项

转版时应重点关注在确定环境因素及相关环境影响的过程中如何考虑生命周期观点。

新旧版本都有文件化的要求，但 2015 版标准明确要求环境因素的相关影响、重要环境因的确定准则也要文件化，在转版时应注意。

2015 版标准要求的重要环境因素沟通有关的内容，要在转版时有所体现。

组织在转版前都应已有文件和记录，转版时不需要做文件或者记录的新增工作，只需要根据新标准的要求适当调整。

➡ 制造业运用案例

【正面案例】

环境因素的识别与评价主要包括四步：第一步是确定组织能够控制和能够施加影响的活动、产品和服务；第二步是识别环境因素和环境影响；第三步是评价环境因素，确定重要环境因素；第四步是环境因素的更新。下面以家具厂为例具体分析。

1. 确定能够控制和能够施加影响的活动、产品和服务

能够控制的范围包括组织内部和合同方，能够施加影响的范围包括原辅材料供应商、服务方等。家具厂能够控制和能够施加影响的主要活动、产品和服务识别如下表所示。

家具厂主要活动、产品和服务

<table>
<tr><th>类别</th><th>分项</th><th colspan="2">内容</th></tr>
<tr><td rowspan="5">能够控制</td><td rowspan="3">活动</td><td>生产活动</td><td>下料、喷漆、组装</td></tr>
<tr><td>辅助活动</td><td>原材料储存、污水处理、废气处理、危险废弃物暂存</td></tr>
<tr><td>行政、后勤</td><td>办公、绿化、食堂</td></tr>
<tr><td>产品</td><td colspan="2">实木、板材家具</td></tr>
<tr><td>服务</td><td colspan="2">家具上门安装服务</td></tr>
</table>

续表

类别	分项	内容
能够施加影响	供应商	油漆供应商、板材供应商、设备供应商等
	服务方	设备维修方、固体废弃物清运方、危险废弃物处理方

2. **识别环境因素**

环境因素的识别应考虑“三个时态”“三种状态”和“八个方面”，并应考虑生命周期观点。

（1）“三个时态”

“三个时态”即过去、现在和将来。

1）过去。识别环境因素时要考虑过去遗留的环境问题，如家具厂新建或者计划新购置土地扩建时，如果该土地之前已有企业进行过生产，那么需考虑土地的原有污染问题，进行相应污染场地评估，厘清责任，避免可能的修复风险。那么这个过去时态的环境因素即是原有企业污染物的排放，环境影响是土壤和地下水的污染，采取的措施是进行污染场地调查。

2）现在。即组织目前的活动、产品、服务中的环境因素，如下料工序粉尘的排放、喷漆工序喷漆废气的排放、上门安装服务噪声的排放、废包装的排放等。

3）将来。指组织已纳入计划的、新的或修改的活动、产品和服务中的环境因素，以及组织提供的产品在其使用和处置中的环境因素，以及可能发生的事故或紧急情况引发的环境风险中的环境因素。例如，该家具厂拟上一条新的生产线，那么该生产线产生的废气、废水、噪声的排放是将来的环境因素，家具产品在使用过程中苯系物、甲醛等 VOCs 排放也属于将来的环境因素。

（2）“三种状态”

“三种状态”指正常、异常和紧急状态。

1）正常状态。正常活动过程中环境因素，如前述下料过程粉尘的排放，喷漆工序喷漆废气的排放，水、电等资源能源的消耗都属于正常状态。

2）异常状态。指开工、停工和检修状态。例如，锅炉初始运行时燃烧不充分黑烟的排放，水帘喷漆废气处理装置检修时含漆渣的喷淋水的排放等。

3）紧急状态。指火灾、事故等情况。例如，喷漆废气处理装置故障时未经处理的喷漆废气的排放，油漆储存时油漆大量的泄漏等。

（3）“八个方面”

1）向大气的排放，如喷漆废气的排放、烘干废气的排放、下料木粉尘的排放；

2）向水体的排放，如漆渣喷淋废水的排放、食堂生活污水的排放；

3）向土地的排放，如油漆储存时，油漆的泄漏；废漆桶等危险废弃物在厂内暂存时油漆的跑冒滴漏；地下污水管线穿孔或破裂，污水的泄漏。

4）原材料和自然资源的使用，如木材、大芯板、油漆等原材料的使用，水等自然资源的使用；

5）能源使用，如电、煤、油的使用等；

6）能量释放，如生产设备运行时噪声的排放等；

7）废弃物和（或）副产品的产生，如废漆桶、烘干废气处理废活性炭、喷漆废水中废漆渣的产生等；

8）空间利用。对家具厂而言，合理的平面布置，可以降低组织排放的废气、噪声对社区的影响。

（4）考虑生命周期观点

在识别环境因素时应考虑组织能够控制和能够施加影响的生命周期阶段。对家具厂而言，可以从原材料、设计、生产、运输、使用等环节来识别相应的环境因素。

首要的是原材料的选择。实木家具原材料不要选择濒危树种，以保护生态环境；为减少环境污染，降低挥发性有机物（VOCs）的排放；产品设计时，以水性漆代替油性漆；为减少产品在使用过程的污染，选择 VOCs 释放量少的环保型的板材和胶黏剂；产品运输时需考虑避免过度包装和选择可降解的包装材料。

（5）能够施加影响的环境因素

组织应对其能够施加影响的相关方的环境因素进行识别。例如，对板材供应商，可施加影响的环境因素包括板材的 VOCs 含量以及生产过程中的污染物排放等；对维修服务方，如水帘除漆雾装置维修单位，可对其维修过程循环水池中漆渣废水的排放、固体废弃物的排放等环境因素进行识别。

3. 评价环境因素，确定重要环境因素

重要环境因素是指具有或能够产生一种或多种重大环境影响的环境因素。对重要环境因素的控制能够确保组织实现其环境管理体系的预期效果，而重要环境因素的失控则会给组织带来风险。

评价重要环境因素的方法有很多种，包括定性和定量的方法，如专家判断法、分值评价法等。无论用什么方法，其目的都是要找出可能为组织带来风险和机遇的环境因素。

重要环境因素评价时应考虑以下因素。

1）法律要求是最需要关注的。违反法律、法规、标准的即为重要环境因素。例如，喷漆废气不能达标排放，那么喷漆废气的排放则应被评为重要环境因素。

2）相关方关注度高、影响组织形象的。相关方包括政府环保部门、合同方、周围居民等。对于政府环保部门关注的，如重点督查的 VOCs 的无组织排放、危险废弃物相关的环境因素、顾客关注的家具的环境友好性、周围居民关注的异味、其他被举报或媒体曝光的，都应列入重要环节因素。

3）现有的技术水平。任何有利于降低环境因素的不利于环境影响的技术，技术可行、经济上组织可以承受、并可为组织带来声誉或赢得市场的，都应列为重要环境因素。例如，改善家具中甲醛的释放量、提高水性漆的使用量替代油性漆，应列为重要环境因素。

4）环境因素的类型、规模和频次；环境影响的范围、程度和持续时间；资源和能源的浪费。

以上因素可以采取分值法评价，当超过一定分值时，确定为重要环节因素。

4. 环境因素更新

环境因素和重要环境因素应根据组织内部和外部环境的变化而进行更新。内部变化（如企业进行改扩建），或者外部变化（如法律、法规、标准、相关方要求发生变化，如“北京市 2013 ~2017 年清洁空气行动计划”中对家具行业水性涂料的使用率、喷漆工艺与设备，喷漆废气治理都提出了要求）时，企业应对照变化的要求，更新环境因素，重新评价重要环境因素。

【负面案例】

环境因素识别不全，特别是重要环境因素评价不准确，从而导致重要环境因素失控，很可能会为企业带来较大风险。

例如，VOCs 的无组织排放以往很少被评价为重要环境因素。随着“气十条”的发布，各地对 VOCs 无组织排放的管控越发严格，2017 年发布的京津冀及周边地区 2017 年大气污染防治工作方案中对 VOCs 要求全面实施泄漏检测与修复（LDAR），建立完善管理制度；强化无组织排放废气收集，采取密闭措施，安装高效集气装置。部分地方环保部门甚至提出要求禁止出现无组织排放。某石化企业未将 VOCs 的无组织排放列为重要环境因素，未实施泄漏检测与修复，结果被环保部门勒令整改，给企业的形象造成很坏影响。

➡ 服务业运用案例

【正面案例】

以餐饮企业为例从生命周期的角度，对餐饮企业的环境因素进行识别，可以从原材料采购、菜品设计、食材制作、顾客食用、厨余垃圾的处理等进行识别。

原材料的采购环节：主要环境因素是绿色、无污染食材的采购，可重复利用餐具采购，环保外卖餐具的采购。

菜品设计环节：绿色食材，营养的搭配，环保的加工方式，少一些需要烧烤、油炸的菜品。

食材制作环节：包括油烟的排放，清洗废水的排放，餐厨垃圾的排放，噪声的排放，水、电、燃气的消耗，火灾等。

顾客食用环节：顾客属于相关方，可施加影响的环境因素是减少剩饭菜的产生。

餐厨垃圾的处理环节：餐厨垃圾的合理处置，禁止交给小商贩，以免被制成地沟油。

【负面案例】

服务业环境影响的特点是主要由相关方的活动产生，对相关方的环境因素进行识别是有效减少环境影响的关键。例如，某装修公司外雇的施工队对客户的办公室进行装修，由于未对装修队办公家具制作板材的环境因素进行识别和控制，装修队选择了劣质大芯板，装修完成后室内空气甲醛和 TVOC 浓度严重超过《民用建筑工程室内环境污染控制规范》（GB 50325—2010）和《室内空气质量标准》（GB/T 18883—2002）的要求，遭到客户投诉。

➡ 生活中运用案例

【正面案例】

从生命周期角度，对日常生活当中的环境因素进行识别，可以考虑采购、日常使用及排放环节。

采购环节可以从人体健康和环境保护两个角度考虑，主要环境因素是绿色、无污染食材（如牛奶、大米等）的采购，环境友好型产品（如不含塑料微粒的个人护理产品）的采购，不采购过度包装的产品，不采购一次性用品和动物毛皮制作的衣物，减少网络购物并选择可降解的快递包装，外出购物自带环保袋以减少白色污染的产生等。

使用环节：从衣食住行角度来说，生活中的环境因素首先是能源、资源的消耗，如水、电、煤气、纸张、布料等的消耗，生活中应节水、节电等，避免浪费；其次是污染物的排放对自然环境的干扰，应当践行低碳生活，尽量绿色出行，减少对环境的影响。目前社会上有一种户外运动理念叫无痕山林（Leave No Trace，LNT），提倡在自然中活动时关注并身体力行地保护与维护当地的生态环境。

排放环节：关注污水排放、垃圾排放等。生活中应尽量重复利用资源，以减少排放环节的环境影响，如洗菜水用来浇花，盥洗水用来冲厕等。目前社会上有很多人过一种减少生活污染源排放的生活，不使用一次性用品，不叫外卖，餐厨垃圾进行堆肥等，从自身生活出发，减少对环境的影响。

【负面案例】

以买房子为例，说明要从空间利用角度对环境因素进行识别。

现在一些人喜欢在有山有水、环境优美的地方买房，购买前一定要核实房地产项目选址是否合法。

根据新闻报道，广州某小区业主预购的房子迟迟不能交付，原来这个小区选址位于水源保护区和生态控制区内，且违反《环境影响评价法》未批先建。项目违法建设，根据法律的规定是要恢复原状的，这就是这些房子为什么不能交付使用的原因。

➡ 组织运行时常见失效点及可能的应对措施

常见失效点	可能的应对措施
环境因素识别不全面，未考虑生命周期的观点	完善识别的方法；对参与识别的人员进行培训，提高识别人员的能力和意识；聘请专家进行指导；深入进行现场巡查；企业各部门广泛参与
重要因素评价确定的不准确	确定合适的评价准则；领导层重视，各部门广泛参与；重要环境因素评价时要充分考虑法律、法规和相关方要求
环境因素未更新	加强人员培训，使其意识到环境因素更新的必要性和由此带来的风险和机遇；及时跟进新出台的法律、法规和其他要求；在建设项目管理程序、变更管理程序中增加对更新环境因素识别的要求；信息沟通要顺畅，相关方要求及时传达
环境因素识别列表中缺了“环境影响”这一列	在转版时更新环境因素列表时，要增加“环境影响”这一列，避免外审时出现不符合项

➡ 最佳实践

某企业组织各个相关部门参与确定环境因素和重大环境因素的过程，通过识别和确定的过程，理解各部门的活动与周围环境状况之间的互动关系，对自身活动的环境影响有了更深刻的认识，能够更主动地在工作中采取各类措施减少负面环境影响，提升正面环境影响。在确定重大环境因素时，组织采取了专家法、打分法两种方式来交叉确定和校核，确保重大环境因素的确定结果的可靠性，为整个环境管理体系的实施打好了基础。

与此同时，该企业建造部还和 EHS 部联合制定了《建设项目管理程序》和《变更管理程序》，在其中增加了在新改扩建项目以及其他重大变更的可行性研究或者策划阶段，需要考虑更新（重大）环境因素的确定结果，确保组织对（重大）环境因素及其环境影响实现动态管理。

➡ 管理工具包

1. 环境因素识别方法

问卷调查法、现场观察法、物料衡算法、生产流程输入输出法、生命周期评价法和资料查阅法。

2. 重要环境因素评价方法

分值评价法、矩阵法、直接判断法、专家判断法和 LEC 法。

10 合规义务

➡ ISO 14001：2015 条款原文

6.1.3　合规义务

组织应：

a）确定并获取与其环境因素有关的合规义务；

b）确定如何将这些合规义务应用于组织；

c）在建立、实施、保持和持续改进其环境管理体系时必须考虑这些合规义务。

组织应保持其合规义务的文件化信息。

注：合规义务可能会给组织带来风险和机遇。

➡ 条款解析

2015 版标准中“合规义务”是在改版后新增的特定术语。合规义务出现后，一些体系管理者会对新版标准条款 6.1.3（合规义务）与旧版标准条款 4.3.2（法律法规和其他要求）之间的区别产生疑惑，在实际操作中可能会发生失误。

在环境管理体系中，合规义务被摆在明显的位置上，组织最终确定的合规义务来自三条线：第一条是相关方的要求，第二条来自法律法规的要求，第三条来自组织的自愿性承诺。

同时，合规义务具有风险和机遇的双面性。如果组织未能遵守这些合规义务，将会损害组织的声誉，或引发法律纠纷；若严格遵守或者超出义务范围履行合规义务，则会提升组织的声誉，降低风险水平，促进组织正态化运转。

具体解析条款如下。

1）组织应详细确定与其环境因素有关的合规义务，并确定这些合规义务如何应用于组织。合规义务包括组织必须遵守的法律法规要求，以及组织必须遵守或选择遵守的其他要求。适用时，与组织环境因素相关的强制性法律法规要求可能包括：

①国际公约、国家法律、行政法规、部门规章、地方性法规、地方政府规章和其他规范性文件；

②国家标准化机构发布的强制性的环保标准，以及法律法规中规定的其他标准；

③政府机构或其他相关权力机构日常监管的要求；

④许可、执照或其他形式授权中规定的要求，如排水许可证和排污许可证中对排放污染物的要求，都要在定期监测中检测齐全；

⑤行业监管机构颁布的法令、条例或指南；

⑥法院判决、仲裁委裁决、行政命令、行政处罚等。

例如，因超排污染物，陕西某煤化公司于2015年1月8日被咸阳市环保局处以20万元的罚款，可企业拒不整改和缴纳罚款被按日连续处罚，79天后这笔罚款飙升至1580万元，2015年6月底，该企业依法上缴罚款。

2）合规义务也包括组织必须采纳或选择采纳的，与其环境管理体系有关的其他相关方的要求。适用时，这些要求可能包括：

①组织和当地政府签订的环境管理公约；

②与社会团体或非政府组织达成的协议；

③与公共机关或客户达成的环保协议；

④非法规性指南；

⑤投资方、组织的要求或员工的期望；

⑥社区的要求或期望；

⑦自愿性原则或业务规范；

⑧自愿性环境标志或环境承诺；

⑨行业规则；

⑩组织签订的合同约定的义务；

⑪相关的组织标准或行业标准；

⑫组织或其上级组织对公众的承诺；

⑬本组织的规定和要求。

3）确定如何将这些合规义务应用于组织。

①应用模式一：结合风控部门或法务部门，将合规义务收集和识别纳入组织管理制度和流程，进行合规义务管理。形成风险清单就是方式之一。

②应用模式二：由EHS部门通过文件和记录以及运行控制，将履行合规义务穿插融入4.2（理解相关方的需求和期望）、5.2（环境方针）、6.1（应对风险和机遇的措施）、6.1.4（措施的策划）、6.2（环境目标）、7.2（能力）、7.3（意识）、7.4.2（内部信息沟通）、7.4.3（外部信息沟通）、9.1（监视、测量、分析和评价）、9.2（内部审核方案）、9.3（管理评审）中。

注意：不管采用以上哪一种应用模式，合规义务应与组织自身识别的环境因素相对应，如组织中识别的废水排放应执行哪个排放标准中的哪些具体条款。

4）组织从各渠道收集到的相关法律法规和相关方要求应进行识别和汇总，形成合规性义务清单，作为记录。

➡ 应用要点

1）收集时依照“条款解析”的指导进行，确保合规义务识别得齐全。合规义务应包括必须遵守的法律法规要求和组织必须或选择遵守的其他要求。再次强调，前者（合规要求）包括监管机构制定发布具有强制性的法律法规、监管条例规定等，后者（合规承诺）包括组织与社区、公共权力机构、客户签订的协议、组织要求、政策、程序、自愿原则、规程、环境的承诺等。合规承诺有必须遵守的，如合同、协议；有可选择遵守的，如无强制性的相关方的需求（一些环保组织的倡议、社区、员工的要求或期望）等。

例如，某组织已与园区工业污水处理厂签订污水处理协议，约定接收废水 COD 浓度最高限值为1000 毫克/升。若在履约过程中某组织送至污水处理厂的废水 COD 浓度超过该标准，或将面临违约责任。因此，该组织在将废水交由污水处理厂处理前需要经过一定的预处理，保证该废水达到协议约定的标准（注：该废水是一般工业废水，不包含危险废弃物）。

2）识别时注意与环境管理体系有关的相关方的需求和期望（即要求）中，哪些将成为其合规承诺。组织一经决定承诺履行或遵守某些相关方要求，这些要求即会成为合规义务。

相关方是指能够影响决策或活动、受决策或活动影响，或感觉自身受到决策或活动影响的个人或组织，可包括顾客、社区、供方、监管部门、非政府组织、投资方和员工。

3）在合规义务清单中，强制性的法律法规和必须采纳的其他要求不能有遗漏；可以选择采纳的合规承诺，也不是越多越好，因为合规义务会影响到环境管理体系的详略和复杂程度，要结合组织的实际能力。

4）在以下情形下，合规义务清单应当考虑更新：

①定期更新合规义务清单，常见做法是每年至少一次。

②合规义务清单中的法律法规和其他要求的内容有变化时。

③合规义务清单中的相关方发生变化时。

④当组织发生新建、改建、扩建项目变更或其他产生新的环境因素的变更时。

⑤当组织的外部环境发生重大变化时，包括社会环境和自然环境。

5）两个组织可能从事类似的活动，但是可能拥有不同的合规义务、环境方针承诺，使用不同的环境技术，并有不同的环境绩效目标，然而它们均可能满足本标准的要求。

6）识别合规义务时也应当考虑内外环境问题，这影响组织实现其环境管理体系预期结果的能力，例如，国内不同地区的法律法规要求和履行方式不同，国外的法律法规也与国内不同。

①某集团旗下工厂由于业务调整，浙江工厂撤厂，某些生产线及配套设备打算迁移至苏州工厂，设备开始打包搬迁，同时，苏州工厂 EHS 部门开始办理建设项目的“三同时”申报工作。当与环评公司签订合同后开始编制环评报告时，专家发现搬迁设备中包含了一套浸漆和烘干工艺设备，而太湖流域周边已禁止新建此类工艺项目。最终搬迁一半的工程项目紧急叫停，整体搬迁工程停止，造成了极大损失。

②某企业计划外派人员至国外工程工地进行阶段性工作，并赋予了他兼任环保合规管理的职责。企业项目组考虑到国外该地法规政策与国内的差异和语言的障碍，专门挑选了拥有一定这方面经验的人员。该人员果然很好地协调和处理了一起意外环境泄漏事故，将损失降到了最低。

7）本条款在应用时要结合条款 9. 1. 2（合规性评价），建议可以将文件和管理工作结合开展，如建立和保持“合规义务确定及合规性评价程序”。

➡ 本条款存在的管理价值

1）合规是组织基于风险管控而存在的需求，条款 6. 1. 3 是对组织如何达到合规义务提出的要求。履行合规义务是组织实施环境管理体系管理的核心之一。

2）“合规”在汉语中的字面含义是“合乎规范”，其概念源自英语的“compliance”，原意是“遵从、依从、遵守”等，不同行业有不同的具体定义。“合规”的概念最早来源于银行业。“合规”在环境体系管理范畴中通常包含以下两层含义：①遵守法律法规要求；②必须遵守或选择遵守的其他要求。可以理解为，合规首先应当做到合法，合法是合规的基础和底线。

3）在管理体系运行中，组织需要日渐完善合规性风险管理，仅仅识别外部的法律法规和其他要求已不能满足组织合规义务的要求。组织应当识别出所有内外部相关方的要求、需求或期望，自发地对此作出承诺，输出完整的合规义务清单。注意，并不是所有识别出的要求、需求或期望都必须纳入合规义务清单，除了强制性必须遵守的要求之外，其余是结合实际情况组织选择遵守的。但是，一旦组织决定遵守即成为义务。

➡ ISO 14001：2004 条款内容

4.3.2　法律法规和其他要求

组织应建立、实施并保持一个或多个程序，用来：

a）识别适用于其活动、产品和服务中环境因素的法律法规和其他应遵守的要求，并建立获取这些要求的渠道；

b）确定这些要求如何应用于组织的环境因素。

组织应确保在建立、实施和保持环境管理体系时，对这些适用的法律法规和其他要求加以考虑。

➡ 新旧版本差异分析

简而言之，2004 版标准的条款 4.3.2（法律法规和其他要求）已包含于 2015 版标准的条款 6.1.3（合规义务）之中。2015 版标准中这一概念的范围更广，不仅限于法律法规层面的要求，还包含了组织自主选择应该遵守的那些合规要求。

1）2015 版标准中不再要求组织建立、实施并保持一个或多个程序，而是改为要求组织保持其合规义务的文件化信息；

2）2015 版标准中以“合规义务”作为首选术语，取代了 2004 版标准中“法律法规和其他应遵守的要求”。①组织在识别合规义务时，除了识别“法律法规及组织必须遵守的其他要求”，还应当识别“组织可选择遵守的其他要求”。②可选择遵守的“要求”一旦被组织自愿选择遵守，就要作为必须履行的“义务”。③概而言之，相对于 2004 版标准，2015 版标准中的合规义务已包含了强制性要求和自愿性承诺。

3）相对于 2004 版标准中仅识别出“法律法规和其他应遵守的要求”带给组织的风险，2015 版标准中已要求识别出“合规义务可能会给组织带来风险和机遇”。这也从一个侧面说明，组织的生存环境更复杂了。

4）不再仅仅考虑如何将法律法规和其他要求应用于组织的环境因素，而是考虑到了全流程，要求在建立、实施、保持和持续改进环境管理体系的不同阶段都必须考虑这些合规义务。

➡ 转版注意事项

1）新旧版本都有文件化的要求。在转版之前，已通过 2004 版标准认证的企业一般都会已有与本条款相关的文件和记录，转版时不需要做文件或者记录的新增工作。

2）工作实操变化之一，2015 版标准对合规义务的收集和识别，已不仅限于法律法规和其他应遵守的要求。

3）工作实操变化之二，《合规义务清单》取代了《法律法规和其他要求清单》，在收集和识别合规义务时，识别该项合规义务可能产生的风险和机遇。

例如，企业内如果有废气排放，按照环保法规要求应对其运行过程中排放的废气污染物进行处理控制，确保达标排放并持续改进，这是企业应遵守的合规义务之一。企业如果未能遵守这一合规义务，可能会遭到周边居民的抱怨投诉、环保监管部门的处罚，甚至被起诉以致被迫停产甚至倒闭，这是企业所处环境中的经营风险。如果企业能应用环境管理体系的系统方法，对这一重要环境因素策划、实施有效的运行控制措施，如安装并使用符合要求的废气处理装置并妥善维护，定期监测达标排放情况，并对其环境管理绩效进行持续监测、分析、评价，按照沟通交流过程的规定及合规义务的要求，将绩效结果与相关方进行持续沟通交流，并能根据沟通交流结果予以持续改进，这样就促进了相关方的和谐与信任关系，如此既能提升在政府部门的环保信用等级，又能提升企业在当地民众中的口碑，实现了不断提升其社会和经济效益的机会。

➡ 制造业运用案例

【正面案例】

2016 年年初，环保部办公厅出台《关于环境保护部委托编制竣工环境保护验收调查报告和验收监测报告有关事项的通知》（环办环评【2016】16 号），文件要求自 2016 年 3 月 1 日起，不再要求建设单位提交建设项目竣工环境保护验收调查报告或验收监测报告，改由环境保护部委托相关专业机构进行验收调查或验收监测，所需经费列入财政预算。某公司 EHS 部门紧密关注法律法规动态，积极与当地环保部门沟通，并略微调整项目的投入使用时间，使之符合政策，为公司节省近 20 万元的建设项目环评竣工验收监测费用。

【负面案例】

案例一：某化工企业产能扩建项目未执行“三同时”建设的违规案例

某县化工园区某化工公司，涉及高浓度有机废水和高浓度氮氧化物和酸酐气体的排放，该公司在搬迁入化工园区时严格执行了建设项目“三同时”，污染治理设施和主体工程同时设计、同时施工、同时投入使用。但在某年，该公司没到当地环保和安监部门办理相关手续，就在化工园区原来两栋厂房中间违规扩建一栋两层 10 米高的彩钢板厂房，用于生产、储存。

该公司管理人员认为扩建的生产线和产品与现有生产线和产品相同，无须再申报环评手续。而且扩建相应的废水和废气处理设施的工程费用很高，自认为处理设施负荷能够满足产能扩建后的污染治理，所以考虑扩建后再观察废气和废水处理设施的负荷情况。

同年某月某日，该县环保局到该公司检查时发现了该违章建筑“未批先建”，当场下达行政执法文书，要求企业立即停止建设和生产，并依法给予了处罚。

编者提示：在制造企业基层EHS管理人员中，常存在一个观念：如果扩建时生产的是同类产品、增加的是同类设备，那就没必要登记或者存在侥幸心理，从而选择不进行环境影响登记或者环境影响评价，如此就给企业环保违法预“地雷”。

案例二：即将生效施行的新法律法规易被企业忽视或准备仓促，导致不合规

例如，即将于2018年1月1日施行的《中华人民共和国环境保护税法》中，超标的厂界噪声定义为应税污染物，须上缴环境保护税。依据税目税额表，如果超标16分贝以上，每月须缴纳税额11200元。存在高噪声污染源的企业如果忽视了这一条合规义务，就会存在缴纳高额环保税的风险。

案例三：某企业因环境违法被列入“黑名单”

浙江省某五金配件厂，2015年涉嫌利用渗坑排放含重金属的有毒有害物质，涉及环境犯罪。2017年案发，公安部门对案件进行调查。根据2016年8月22日起实施的《浙江省环境违法“黑名单”管理办法（试行）》，该五金配件厂被列入浙江省环保厅公布的第一期环境违法“黑名单”，将在行政审批、融资授信等多方面受到诸多限制。

➡ 服务业运用案例

【正面案例】

在北京市整治雾霾的大形势之下，京城餐饮业一系列行动付诸实施：节能灶替换传统灶、烤箱烤鸭替代果木烤鸭……北京市出台并落实了“2013～2017年清洁空气行动计划”，餐饮企业必须按要求安装油烟净化装置，实现达标排放，违规排放油烟的企业将受到罚款乃至停业整顿的处罚。

当时，北京有多家餐饮公司及时识别此项合规义务，率先通过了清洁生产审核并已安装设备，迅速规避了风险，更是抓住了此次机遇，赢得了良好的口碑。

【负面案例】

在编者多年的接触中发现，大多数从事餐饮行业的老板都不太重视环保的合规义务，尤其忽视地方环保部门规章和通知的获取，没有开展合规义务的收集和识别工作。

多数老板的认知是开业时“环评三同时”手续要办、油烟处理设施要有、隔油池要做、一年应对两次检查，其他……就没有了。这样的合规义务认知，在当前环保大形势下是致命的。

2016 年，为强化大气污染防治工作力度、检验餐饮业整改效果，某市环保局在发文通知后，出动 350 多人次，集中对下辖两区共 1220 家餐饮饭店进行检查，对其中 22 家油烟净化装置不合格或没有启用净化装置的餐饮饭店下达了停业整顿通知书。注意，这里的发文通知就是合规义务的获取对象。

➡ 生活中运用案例

【正面案例】

在编写本条款之前，爸爸和女儿有一段对话。

爸爸：闺女来看这个条款，合规义务，你的第一印象是什么？

女儿：义务我知道哦，那么合规的意思是不是守规矩呀。

在爸爸的引导下女儿居然识别出她的合规义务来源有：学校纪律、爸妈期望、老师期望、自己对自己的期望、弟弟的讲故事要求、喜欢故事书里主人公马小跳的热心善良……

她的识别是否对呢？请各位读者思考。

【负面案例】

案例一：垃圾分类不清可能招致重罚

加拿大是一个非常提倡环保、注重垃圾分类的国家，尤其是住在独立屋、半独立屋和镇屋的朋友。生活在加拿大，住户就必须了解垃圾分类的点点滴滴。一般每名住户都会获得政府分配的三个不同颜色的垃圾桶。如果不好好了解它们的用途而乱放垃圾，将会随时被政府随机检查并收到告票罚单。由此可见，生活在加拿大的家庭了解垃圾分类的合规义务是如此重要。

案例二：编者含泪呈献亲身经历，此次经历体现了合规义务获取不及时而导致的钱包之痛

某晚驾车外出办事，行至目的地附近路段，靠边停车打电话询问路线。由于地段不熟且没发现附近的禁停标志，导致违章停车，被罚款 100 元。

此次经历告诉编者，全面收集和识别生活中的合规性义务是多么地重要。

➡ 组织运行时常见失效点及可能的应对措施

常见失效点	可能的应对措施
合规义务获取渠道无系统性，导致合规义务的收集和识别不全面、不及时	团队分工，设置多种获取渠道和获取的机制，使法律法规、涉及的国际公约、相关方要求或期望的识别与收集形成畅通的渠道。例如，列出相关方的清单、寻求第三方法律服务机构的支持、随时关注环保相关网站的信息等
在识别合规义务时，组织和相关方的需求或期望识别不全，发生遗漏	可全面考虑所有的业务活动（包括非主要业务活动），先列出所有的相关方，再逐一充分识别每一相关方需求及期望，形成相关方清单。 组织对相关方需求进行评审，确定纳入合规义务清单的相关方需求和期望也可以避免识别遗漏。 多个团队分工进行收集和识别，也可针对此项组织团队进行头脑风暴
已收集的法律法规或其他要求存在过期或失效现象	指定专人负责定期识别和更新清单的工作；与第三方法律法规服务机构合作，及时获取更新信息；需要时，可以聘请专业律师
获取的合规义务未能全部纳入组织的应用当中，虽然有合规义务清单，但是组织中的人员都不知道怎么用和怎么做	获取合规义务形成清单后，针对其中的合规义务，组织应逐条进行策划，采取措施管理，如此方不会有遗漏

➡ 最佳实践

1）组织在其生产、活动和服务范围内，通过有效渠道收集和识别与环境因素相关的法律法规，以及相关方要求。

2）以此为依据明确组织的合规义务，作为结果通常是编制一份《合规义务清单》，收集这个清单列出的所有文档信息作为附件。

3）对组织履行合规义务的实际情况进行“合规性评价”，作为结果通常是出具一份《合规性评价报告》。详细请参见条款9.1.2（合规性评价）。

最佳实践的注意点在于：

1）如何将与组织环境因素相关的合规义务获取齐全，既要考虑哪些会带来风险，又要考虑哪些会带来机遇。

2）如何将这些合规义务应用于组织和体系运行，相关措施被有效执行。

➡ 管理工具包

1）定期访问国家环保部、省级环保厅、市区级环保局的官方网站。这个习惯很重要，可以及时了解政府信息和通知。

2）关注本地环保部门的微信、微博。当前地方环保部门的电子信息化工作做得已经非常好，多数部门都已开办网上信息推送窗口。

3）访问浏览中国政府法制信息网。该网站是我国国务院法制办公室的官方网站，会很及时地更新法律、行政法规、法规解读、部门规章、地方性法规、地方政府规章。同时该网站还提供了法律法规数据库的检索功能。

4）如果条件允许，选择一家提供法律法规服务的第三方机构。多数第三方机构还会提供合规性审核服务，组织就不用再担心内部的不合规隐患。

11 措施的策划

➡ ISO 14001：2015 条款原文

6.1.4　措施的策划

组织应策划：

a）采取措施管理其：

1）重要环境因素；

2）合规义务；

3）6.1.1 所识别的风险和机遇。

b）如何：

1）在其环境管理体系过程（见 6.2、第 7 章、第 8 章和 9.1）中或其他业务过程中融入并实施这些措施；

2）评价这些措施的有效性（见 9.1）。

当策划这些措施时，组织应考虑其可选技术方案、财务、运行和经营要求。

➡ 条款解析

大家在日常管理工作中应该对管理的基本框架有所熟悉。通常来讲，识别出需要管控的环境因素和合规义务后，就要策划管控措施。管控措施多种多样，如何选择管控措施，不仅取决于被管控要素的特点，也与组织情境密不可分。不脱离组织实际运行的管控措施，才是可能取得更大预期效果的措施。

在环境管理体系中，条款 6.1.4 针对措施的策划给出了总指导和基本原则。本条款是 2015 版标准的新增条款，对如下内容给出了清晰的指导。

第一，组织应对环境管理体系的哪些要素采取措施？

a）明确了条款 6.1.1、6.1.2 和 6.1.3 识别出的组织需要应对的风险和机遇，重要环境因素和合规义务，这些内容是条款 6.1.4 的输入。简而言之，就是要针对这些要素策划控制措施。

在这里需要注意环境要素一项，要专门针对重要环境因素策划措施，并没有要求对所有识别出的环境因素全部策划管控措施。这一点体现了管理过程中，应该分清管控对象的优先级别，避免分不清管理重点，眉毛胡子一把抓，更不利于实现环境绩效目标。因此，在环境管理体系建设伊始，务必对环境因素中的重要环境因素做好识别和评价。

第二，策划措施应遵循哪些原则？

明确了被管控的对象，就要看看采取何种措施对这些要素进行管理和控制，才能确保最终的输出效果，即达到环境目标，实现环境承诺，组织的环境管理体系持续有效地运行。

就如何策划这些措施，本条款给出了总的指导原则，即要考虑将措施与组织的业务流程相融合，同时所策划的措施要与组织的运营、财务和技术能力相适应。这是对后续条款 6.2.2（实现环境目标的措施的策划）和 8.1（运行策划和控制）的指导条款，也是 2015 版标准新增条款的特色。

下面说明如何理解融合性。

1）要求环境管理要融入组织的管理中；

2）要求措施要根据企业的运行发展来策划，如后续的变更管理；

3）要求措施要与相关部门的实际工作融合在一起，不能只是环境体系建立的牵头部门去实施管理和控制。

实际上，很多业务部门正在进行的工作，已经是环境管理体系措施的一部分。例如，厂务设施部门对通风系统进行维护和保养，本身就是为了达成环境空气质量这一目标的措施。因此可以看出，融合性是有实践基础的。

针对不同的环境要素，读者可能对于如何选择控制措施还比较模糊。通常来讲，措施分成以下类别。

1）消除和替代，如采用水性漆替代油性漆、用铆钉铆接替代焊接等；

2）工程控制措施，如建立污水处理站来治理污水、安装变频空压机等；

3）管理控制措施，如制定污水处理站作业指导书、按区域划分用电量的指标等。

策划的措施可以包括以上单一的或者多重复合的控制措施，后续实际案例中将详细介绍。

措施的策划和执行可以按照组织已有业务部门的职能来划分，也体现了融合性。例如，工艺部门通常负责工艺相关措施的策划和实施，设备设施部门通常负责设备设施相关措施的策划和实施。同时，在实际运行时又是多部门跨职能合作的。

总的来说，措施的选择要遵循融合性原则，在考虑组织实际运行能力的基础上，实践运行后找到更适合组织环境管理体系的控制措施，以期达到环境绩效。

第三，如何来评价措施的有效性？

要想评价制定的措施是否有效，就是要选择与所采取的措施相适宜的评价方法，来看控制措施实际的运行效果是否达到了预期的环境绩效目标。

评价措施有效性的技术方法有很多，可以用统计、实验室检测、环境成本核算、清洁生产审核、生命周期分析、碳核算等严谨的技术方法，也可以简单地将组织的实际环境绩效与组织的期望值对比来评价措施的有效性，还可以综合以上多种方法对措施的有效性进行评价。组织可以根据管控措施所管控要素的特点和所采取的措施来确定选择哪种评价方法。

例如，污水处理是对废水排放这一重要环境因素的工程控制措施，通常评价其有效性的方法是监视和测量，通过监测污水水质是否达标来判定污水处理措施是否有效运行；设定用能指标是对重要环境因素能源消耗的控制措施，设定指标后，随之会设定一系列的工程和管理控制措施来达成目标，而能源消耗的计量统计结果与指标的对比就是判定一系列节能控制措施是否有效的评价方法；评价环境应急响应和准备有效性的方法通常是演习，通过实际演习情况来评价应急响应和准备的策划是否全面有效。

➡ 应用要点

1）条款 6.1.4 首先明确了需要管控的环境要素，其中环境因素部分，指出的是重要环境因素。因此，在策划措施前识别出哪些是重要环境因素就尤为重要，避免需要管控的重要环境因素被遗漏。

2）在策划措施时，一定要紧扣融合性这个指导原则。首先，要以组织的实际运营能力为基础，不能脱离组织的实际能力。例如，机械加工制造企业生产过程中会产生危险废弃物——废弃冷却液。而机械加工制造企业在目前的技术情景下，还不具备取消使用冷却液的技术，因此，提出消除或者替代冷却液这一控制措施显然是不符合机械加工制造企业所在情景的。其次，融合性的一个重要方面，就是在对需要管控的环境要素策划措施时，要多部门多小组联合协作，发挥各业务部门的业务专长，深挖可能的控制措施，然后按照业务部门职能分工，合理分配措施的实施主体。一定要避免出现环境管理体系建设部门自己埋头干的情况出现。最后，关于融合性的应用建议，也是编者在实际工作过程中发现的。在目前的情景中，组织重视环境保护的问题，期望环境的可持续发展和企业的经济效益共赢，但是这一美好的愿望并未完全根植于每一位员工心中、每一个业务部门的工作中，所以，环境管理体系的建设者和维护者们，要积极参与各业务部门会议，尤其是针对业务变更和项目策划的多部门的联合会议，从中了解组织实际业务发展变革，抓住提高或变更控制措施的机会。

3）策划措施有效性评价方法的选择。有效性的评价方法，通常可以借鉴环境管理体系建设和维护的经验，这就需要在建设伊始，给参与建设的相关人员提供培训学习的计划。同时，在建设和运行过程中，组织要根据实际工作和效果评判针对不同措施的评价方法是否适宜。

➡ 本条款存在的管理价值

首先，本条款明确了需要采取措施管理哪些要素，使得环境管理措施的策划有了固定的套路，而不是乱打乱撞。

其次，本条款明确了在措施的策划阶段要考虑措施的融合性和有效性，一是避免环境管理体系与其他管理体系割裂，造成组织管理成本高，还得不到实际效果；二是避免组织在策划环境管理措施时集中在措施是否有宣传效果等表面价值上，而忽略了提升组织环境绩效的实在效果。在措施的策划过程中组织需要不断运用融合性和有效性原则，确保环境管理体系运行高效、敏捷、低成本。

➡ ISO 14001：2004 条款内容

2004 版标准无相关条款。

➡ 新旧版本差异分析

2015 版标准相比 2004 版标准，增加和明确了需要先行策划管控措施，并强调了在措施策划时要与组织的经营管理相融合，与组织的各业务流程融合，使环境绩效的管理不单纯是环境管理部门的工作，它融合在每个部门每个岗位的工作细节中，真正做到全员参与管理。同时，如何评价管控措施的有效性也需要提前考虑和设计。

➡ 转版注意事项

转版过程中应注意保留必要的文件化信息或证据，应当在管理手册或者相关文件中增加本条款的要求。

➡ 制造业运用案例

【正面案例】

某制造型外企全球总部直接将能源消耗，也就是二氧化碳的排放，作为环境绩效考核指标，在管控这一重要环境因素上，企业首先将其作为自己的环境目标来管理，这一措施就是管理性措施，为了实现这一用能的环境目标，组织的环境管理部门协同相关部门统计出年度各种能源消耗情况，以及各能源在不同建筑物分区的消耗情况，找出高耗能类型；对于单一能源，统计出分区域能耗情况；利用变电站的每小时实时数据，分析出非耗电时间内的不正常使用。这一系列措施，是针对组织耗能的统计分析。针对列出的高耗能，多部门组成小组开展讨论，研讨节能措施，如用 110 瓦特的 LED 节能灯代替 440 瓦特的工业照明灯；针对由于附属冷却系统造成的高耗能的设备，通过技术措施将冷却系统与设备运行建立连锁控制，避免冷却系统运行浪费；针对某区域在非工作时间内照明消耗和工作日消耗相同这一浪费现象，安排专人管理，确保最后一个工作日下班时关闭照明。在追求卓越节能绩效这一目标时，该企业还邀请外部专业的节能审计团队，帮助组织寻找更专业的节能机会。

在整个节能管理过程中，三个层次的控制措施得到了充分应用。

【负面案例】

某企业针对排放的废水建设了非常专业的生物法废水处理站和排放口实时监测设备，可是企业相信如此“高大上”的设备会一直完美地运行下去，只要监控排放口的监测结果，保证废水达标排放就可以。因此，企业未对后续污水处理站的运行人员充分培训，导致运行人员对于处理站已经出现的和即将出现的问题没有处理能力。同时，未对污水处理站的设备设施建立日常维护保养制度，未明确系统运行的关键管控要点，以至于过程管理缺失或失效，最终导致污水排放超标，处理系统运行瘫痪。由此可以看出，如果企业不对如何落实管控措施进行策划和安排，很有可能导致严重的后果。

➡ 服务业运用案例

【正面案例】

某餐饮企业开展环境合规义务的识别工作，对油烟达标排放一项进行了控制措施的策划，安装了油烟净化系统，导入了净化系统，并针对产品特性和其餐饮运行情况，制定了维护保养计划并严格实施。同时制定了定期监测计划，监测油烟废气的排放情况，最终达到了有效的控制效果。

【负面案例】

某物业管理公司在策划管控室内空气质量时，只是一味地在新风系统中安装雾霾处理设备，没有考虑新风量和换气次数对室内空气质量的影响，结果造成室内 PM2. 5 合格，但是二氧化碳浓度指标不合格。这个案例说明策划过程也要对措施有效性的评价方法进行考虑。

➡ 生活中运用案例

【正面案例】

这是编者在女儿成长过程中遇到的实际问题，通过识别女儿的喜好，策划、实施管控措施帮助女儿改掉啃指甲的坏习惯。

女儿开始上幼儿园了，但是深谙环境发生变化后孩子可能出现新问题，因此编者并没有放松观察女儿的变化。一天发现女儿有了啃指甲的行为，习惯一旦养成，要想改掉就比登天还难。编者知道女儿喜欢吃蛋糕，就和女儿约定：只要放学回家她的手指甲没有咬过的痕迹，就会奖励她一块蛋糕。虽然由于健康原因，每天吃一块蛋糕的控制措施未必是最好的，但是对于女儿是有效的。为了得到蛋糕奖励，她竟然一周就改掉了啃指甲的习惯，再也没咬过。

【负面案例】

共享单车上市后，方便大家短距离出行，但也带来一系列问题。例如，小黄车的车胎是需要充气的，虽然考虑了骑行的舒适性，但从简化维护需求和减少废橡胶这两点出发，这一设计方案远不如实胎有效。这也可以看出，产品在设计之初，技术方案的选择也是一种运行过程中的控制措施。因此，在策划具体的实施措施时要考虑技术方案、财务、运行和经营要求。

➡ 组织运行时常见失效点及可能的应对措施

常见失效点	可能的应对措施
制定的措施不全面、不充分，或遗漏、忽略了某些风险的应对措施，包括对措施本身会带来的风险的考虑	做好需管控要素的识别，运用科学的方法识别风险，建立风险清单，针对风险清单制定管控措施
未考虑融合性，未发挥业务部门的专长	针对不同的环境要素，以业务职能为基础组成策划小组，共同寻求适宜的措施
制定的措施脱离了组织的实际运营能力	多部门协作，了解组织能力和所处情景后制定控制措施
策划措施时未按照控制措施的优先层次考虑控制措施，直接到最低层次的管理控制措施	根据管控对象的特性，从消除或替代、工程控制和管理控制措施等层次依次去考虑控制措施
评价措施有效性的方法不适宜	依照环境管理体系学习和培训中获得的通常做法，与组织的实际运营相结合，制定评价方法

➡ 最佳实践

在策划措施时，最可贵的是了解组织本身的实力，把各个职能部门的力量整合起来。因此，比较好的实践方法就是以各个职能部门的主要职责为基础，建立由不同职能部门牵头的工作小组，按照管理要素进行分配。例如，对于废水、废气等与厂务设施相关的工作，就可以建立以厂务设施为组长，环保、工艺和车间部门参与的小组；又如，危险废弃物等与工艺相关的工作，就可以建立以工艺部门为组长，环保和车间参与的小组。这样，明确组长的领导职责，既能充分调动职能部门的责任意识，也能充分发挥其优势。

除了了解组织内部实力以外，了解组织外部的优秀做法也是策划措施时比较好的方法。可以邀请外部专家进行合规性管理和节能审核等。了解外部优秀做法的另一个实践方法就是标杆学习，不仅可以学习兄弟单位的优秀做法，同行业的、甚至跨行业的优秀做法都有可以借鉴的机会。

➡ 管理工具包

1）控制措施策划培训；

2）与业务部门建立联合工作小组；

3）标杆学习；

4）寻找专业咨询机构的技术支持；

5）头脑风暴。

12 环境目标

➡ ISO 14001：2015 条款原文

6.2.1　环境目标

组织应针对其相关职能和层次建立环境目标，此时必须考虑组织的重要环境因素及相关的合规义务，并考虑其风险和机遇。

环境目标应：

a）与环境方针一致；

b）可度量（如可行）；

c）得到监视；

d）予以沟通；

e）适当时予以更新。

组织应保持环境目标的文件化信息。

➡ 条款解析

（1）针对职能和层次建立环境目标

组织可从战略层面、运行层面来制定环境目标，战略层面是组织的最高层次，适用于整个组织；运行层面包括组织的某个流程或职能的环境目标，支持战略目标的实现。

环境目标的分解从纵向、横向、时间三个维度考虑：纵向就是把公司级目标分解到部门、班组、岗位，下一层级的目标指标100%支持上一级目标的实现；横向就是沿流程（职能）进行分解，多个流程的环境目标支持组织总目标的实现；时间维度就是根据组织战略发展的需求，制定中长期和年度环境目标。

（2）环境目标应与环境方针一致

环境方针应为制定环境目标提供框架（条款5.2b），环境目标要与最高管理者在环境方针中作出的承诺保持总体协调一致，包括持续改进的承诺。

（3）环境目标可测量

环境目标可以是定量的（如单位产品的电消耗量），也可以是定性的（如锅炉煤改气），可行时应使目标可测量。可测量是指使用与规定尺度有关的定性的或定量的方法，以确定是否实现了环境目标。

某些情况下可能无法度量环境目标，但重要的是组织需要能够判定环境目标是否得以实现。

（4）环境目标得到监视

参照条款9.1.1的要求建立监视测量的方法和频次。监视测量是持续进行的，目标的实现是通过监视测量的结果来判断的，监视测量的结果可作为目标调整的依据。

（5）环境目标适当时予以更新

环境目标实行动态管理，当组织实现目标的技术措施（手段）发生变更，运行条件发生变化，出现新产品、新工艺时，或是环境目标监视测量的结果偏离目标值较大时，应对环境目标进行适时调整，并予以更新。

（6）环境目标应予以沟通

沟通包含内部和外部沟通。对内，使组织的员工能够了解环境目标的相关信息，明确环境管理的方向，清楚自己在环境目标实现过程中应该承担的责任，为环境目标的实现奠定基础。对外，让相关方了解组织的环境目标，加强对组织的信心，使组织更好地履行社会责任，树立良好的社会形象。

（7）环境目标文件化

组织应保持环境目标的文件化信息，这是对环境目标文件化的要求，有利于目标的沟通和实现

➡ 应用要点

（1）制定环境目标需要考虑的因素

组织制定环境目标时，应该考虑以下几方面的内容。

1）组织识别出的适用的法律法规及其他要求。必须正视法律法规及其他要求的严肃性、权威性。符合法律、法规及其他要求，是制定环境目标必须予以优先考虑的事项，否则，会对组织的生存和发展带来风险和危机，并有可能对环境造成不利影响或严重后果。

2）组织发展战略要求及环境方针的原则和承诺（条款5.2b）。环境目标的制定不能脱离组织发展战略的要求；环境方针与组织战略是一致的，是目标制定的框架基础，而环境目标是环境方针的具体细化。

3）组织识别出的重要环境因素（条款6.1.2）。制定环境目标，必须结合组织的产品或服务的性质及特点，紧紧围绕组织的重要环境因素，真正解决组织面临的或迫切需要解决的实际问题，不断改进环境绩效。但这并不意味着必须针对每项重要环境因

素制定一个环境目标，而是制定环境目标时应优先考虑这些重要环境因素。

4）考虑组织及其所处的环境（条款4.1）、相关方的需求和期望（条款4.2）。如客户、周围居民的要求等，特别是受组织环境绩效影响的相关方的有关要求，应考虑纳入环境管理体系，在制定目标指标时予以考虑。

5）组织的规模、经济、技术、经营状况。目标指标应符合组织的实际，满足技术、经济可行性，避免要求过低或过高的现象，目标指标应切实可行。

6）可能给组织的公众形象带来的影响。

7）因实现环境目标给组织其他活动及过程带来的影响。

8）组织的历史、同行业的先进水平，要有挑战性。

（2）制定环境目标可参考的内容

1）合规性方面，如污染物的排放达标率、超标率、净化率、排放浓度、排放总量、排放减少量等。

2）产品方面，如设计、开发产品时，应考虑减少生产、使用和处置过程所造成的环境影响，产品废弃后的可降解性能、可再利用率，单位产品废料产生率等。

3）事件/事故方面，如事故发生率、事故影响范围、事故影响大小等。

4）原材料消耗方面，如单位材料利用率、节约量等。

5）能源消耗方面，如单产能耗、有效能源、利用率、节约量、无污染或低污染能源利用比例等。

6）固体废弃物管理方面，如分类率、处置率、综合利用率、资源再生率、包装物废弃后的利用率、有毒有害废弃物控制率等。

➡ 本条款存在的管理价值

1）为组织环境管理工作提供方向和目标。

2）环境目标管理是员工参与环境管理的一种方式，使员工能够明确了解在环境管理中承担的责任，调动主动性、积极性、创造性。

3）管理者通过环境目标对员工进行管理，提高组织环境绩效。

4）为各个管理层评估各自的环境绩效提供了依据。

5）描述了组织和外部环境的关系，是组织履行社会责任的承诺和具体表现。

➡ ISO 14001：2004 条款内容

4.3.3　目标、指标和方案

组织应针对其内部有关职能和层次，建立、实施并保持形成文件的环境目标和指标。

如可行，目标和指标应可测量。目标和指标应符合环境方针，包括对污染预防、持续改进和遵守适用的法律法规和其他要求的承诺。

组织在建立和评审目标和指标时，应考虑法律法规和其他要求，以及自身的重要环境因素。此外，还应考虑可选的技术方案，财务、运行和经营要求，以及相关方的观点。

组织应制定、实施并保持一个或多个用于实现其目标和指标的方案，其中应包括：

a）规定组织内各有关职能和层次实现目标和指标的职责；

b）实现目标和指标的方法和时间表。

➡ 新旧版本差异分析

在2004版标准中，目标指标和方案是在一个条款之下的。而2015版标准，环境目标则作为一个独立的条款，把目标和方案分两个条款进行阐述，内容上没有实质性的变化。

➡ 转版注意事项

转版时不需要做文件或者记录的追加工作，建议建立标准化流程，规范环境目标制定、测量、分析、改进、调整的要求。

➡ 制造业运用案例

【正面案例】

某汽车冲压件公司环境目标中有一项是“单位材料利用率比上一年提高8%”，并将公司目标分解到下属三个车间，为“单位材料利用率比上一年提高10%”，分解值比公司目标略高，才能有效地保障公司目标的实现。在实施过程中由责任部门/岗位对目标进行动态监视和测量，如发现未达成目标值的情况，及时分析原因，制定改进措施，保证整体环境目标的实现。

【负面案例】

某施工单位制定的环境目标——施工场界噪声：

土方施工：昼间 <75 分贝，夜间 <55 分贝。

打桩施工：昼间 <85 分贝，夜间禁止施工。

结构施工：昼间 <70 分贝，夜间 <55 分贝。

装修施工：昼间 <65 分贝，夜间 <55 分贝。

此施工单位在结构施工期间，遭到了周围居民的投诉，说夜间施工声音太大，影响居民的休息。环保局现场监测噪声达 65 分贝，超出目标值，要求施工企业进行整改。此案例说明施工单位未对制定的环境目标持续监测，未能及时发现目标超标并采取有效措施，导致居民的投诉。

➡ 服务业运用案例

【正面案例】

某风景名胜旅游区的环境方针为“保护古木，植树造林”，旅游区的环境现状是“有 130 棵 80 年以上的古树，有些已经枯死；树木有被砍伐的现象”。识别的重要的环境因素是“文化古迹的保护”和“自然资源的破坏”。

综合考虑以上因素，制定的环境目标为“年度古树死亡不超过 1 棵；年度在景区植树 300 棵，育苗 1000 棵”。环境目标制定时考虑了方针、重要环境因素、现状的相关要求。

【负面案例】

某港口企业是负责矿石、煤炭等货种的集疏，作业过程中会造成大量的粉尘排放，而在制定环境目标时企业只考虑了“环境污染事故目标”，没有做其他的目标及分解指标。企业在环境目标制定过程中未考虑法律法规对粉尘排放的要求，未考虑周围居民对粉尘污染方面的相关诉求，未考虑“粉尘排放”这个重要环境因素，未设置粉尘排放方面的目标，环境目标制定时考虑不全面。

➡ 生活中运用案例

【正面案例】

为了贯彻节能环保的意识，小明家制定了节能节水方面的目标：比上一年度，平均每月节电 5 度、节水 2 吨。然后规定了用电、用水方面的节能措施，全家遵照执行，并让小明进行监督。每月初对上月用电和用水情况进行总结，查看是否达到了目标要求，还有哪些方面做得不好，需要加以改进。长期坚持下来，不仅实现了节能降耗，小明还养成了节能环保的好习惯，被学校评为节能小标兵。

【负面案例】

小明家新房进行装修，为了保障环保要求，购买的装修材料全符合 E0 级环保标准。装修完成后，新房内也没什么难闻的味道，全家就乔迁新居。但住了没多长时间，小明奶奶突然晕倒，小明也感觉到头晕，送医院后说是中毒。找检测公司对新房进行检测发现甲醛和苯超标。小明家搬家前没有对新房内的污染物进行检测，以为装修材料是最好的就不用采取一些措施来降低室内污染物的浓度，才会造成这样的后果。因此在设置装修目标时，应考虑装修挥发物对身体的损害这一风险，并将控制装修后空气质量作为居住环境的重要监控指标。

➡ 组织运行时常见失效点及可能的应对措施

常见失效点	可能的应对措施
环境目标制定未充分考虑各种因素，如合规义务、组织的重要环境因素、相关方的诉求等	制定环境目标时，采用PEST分析模型，对组织进行全面分析，全面考虑涉及的合规义务、重要环境因素、相关方的诉求等
环境目标不具体，无法测量	根据SMART原则制定组织的相关目标
环境目标未分解到组织的各层级	制定目标管理流程，明确环境目标制定、分解、监视测量、分析改进、调整的相关要求，主管部门按照要求，把目标分解到相关职能和层次，并组织监视测量和改进
未对制定的环境目标进行监视和测量，或是有监视测量，但未对未完成的目标进行分析和改进	加强第三方监督检查，并纳入绩效考核
环境目标多年不变，指标值无挑战性	制定环境目标时，充分考虑组织以往的最好水平和同行业的先进水平，再根据组织的经济、技术等方面的能力，设置合理的目标值

➡ 最佳实践

比较好的做法是环境目标制定时考虑了合规义务、重要环境因素、相关方的需求等方面的因素，指标量化、可测量。通常以一份环境目标的书面化文件来表现环境目标的设置。不仅在文件中体现出组织整体的环境目标，同时还能看到分解到各部门各岗位的环境目标，细化的目标度量方法、监视手段等都一目了然。而且，组织还有专人管理该文件，当有内外部环境变化导致环境目标调整的时候，能够及时更新并有效沟通。

➡ 管理工具包

标杆管理、平衡计分卡、SMART原则、PEST分析模型。

13 实现环境目标的措施的策划

➡ ISO 14001：2015 条款原文

6.2.2　实现环境目标的措施的策划

策划如何实现环境目标时，组织应确定：

a）要做什么；

b）需要什么资源；

c）由谁负责；

d）何时完成；

e）如何评价结果，包括用于监视实现其可度量的环境目标的进程所需的参数（见 9.1.1）。

组织应考虑如何能将实现环境目标的措施融入其业务流程。

➡ 条款解析

组织确定环境目标之后，要策划有效的措施以保障环境目标的实现。标准原文告诉我们针对既定的目标需要做的具体工作；需要资源保障，包含人、财、物或技术支持、信息系统等；需要明确实现该目标的时间节点，包括每一阶段的时间和总的完成时间，在策划时可以考虑用甘特图明确每一阶段的完成时间；在策划时要明确对于措施执行结果的评价方法，包括过程参数、监视测量的手段、数据分析要求等。例如，一个公司设定环境目标为当年节水量达 50 吨。那么不能等到一年都快过完了再去看达标了没有，应该分季度或者月去监控并分析数据，这样获取的数据才能及时反馈问题。

在策划环境目标的实现措施时，要将这个措施融入组织的业务流程，避免“两张皮”的现象。下面举一个生活中的例子说明如何策划实现环境目标的措施。

张奶奶一家 5 口人，每月耗电量都在 500 度左右，明显高于其他家庭，电费居高不下。于是张奶奶召开家庭会议讨论确定 2017 年月平均用电量不超过 400 度，全家人献计献策。

1）家里耗电设备有电热水器、空调、洗衣机、冰箱，其次是厨房电水壶、油烟机、电饭煲，还有照明灯，核算下来电热水器耗电量最多。

2）如果使用燃气热水器每月能节省近 100 度电，去除燃气费用还能节省电费约 50

元。新买一台燃气热水器需要2000元，这样算下来大概40个月的时间可以省下热水器的投资。而且现有的电热水器已使用近8年，更换热水器也很必要。最后决定从1月起张奶奶每月存500元专项资金，5月底由儿子负责购买安装燃气热水器。7月起儿媳缴电费时与上年同期的用电量进行比较。

在这个案例里，确定要换热水器（条款a）需要2000元钱（条款b）；从1月起张奶奶每月存500元专项资金，由儿子负责购买安装燃气热水器（条款c、d）；7月起儿媳缴电费时与上年同期的用电量进行比较（条款e）。张奶奶更换热水器是考虑现在的电热水器耗电量大、已经用了近8年，如果换了既更新了家用电器又能节电，这一点做到了“组织应考虑如何能将实现环境目标的措施融入其业务流程”。

➡ 应用要点

策划实现环境目标的措施时，要考虑：

1）明确要解决的事项。

2）策划措施时要有系统性，尽量从根本上解决存在的问题，不能解决了老问题带来新问题。

3）措施有经济性和技术可行性。

4）措施一定要明确责任人和完成时间。

5）如何评价采取的措施是否有效。

6）可能发生的变更。

➡ 本条款存在的管理价值

条款6.2.2用“5W1H”的方法给出了策划措施的要素，指引组织如何策划实现环境目标的措施，可以保障策划的措施有效落地。

➡ ISO 14001：2004条款内容

4.3.3　目标、指标和方案

组织应针对其内部有关职能和层次，建立、实施并保持形成文件的环境目标和指标。

如可行，目标和指标应可测量。目标和指标应符合环境方针，包括对污染预防、持续改进和遵守适用的法律法规和其他要求的承诺。

组织在建立和评审目标和指标时，应考虑法律法规和其他要求，以及自身的重要环境因素。此外，还应考虑可选的技术方案，财务、运行和经营要求，以及相关方的观点。

组织应制定、实施并保持一个或多个用于实现其目标和指标的方案，其中应包括：

a）规定组织内各有关职能和层次实现目标和指标的职责；

b）实现目标和指标的方法和时间表。

新旧版本差异分析

与2004版标准相比，2015版标准更系统、更具操作性，条款a~条款e本身就给出了制定措施的清晰思路。2015版标准中实现目标的措施不再局限于方案，可以是日常运行控制的作业指导书，也可以是应急预案。

转版注意事项

转版时不用刻意做文件或者记录的追加工作，在现有文件的基础上，结合识别重要环境因素、合规义务和条款6.2.2的要求适当补充和完善；另要考虑措施与环境目标指标的衔接、技术可行性，要明确评价要求。

制造业运用案例

【正面案例】

某生物化工企业上级部门下发的年度环境目标之一是“废水排放符合国家、地方或行业规定的排放标准，即COD≤150毫克/升，且COD≤1000吨”，为了确保目标的实现，总经理组织大家讨论最终确定以下方案。

1）生产管理部在1月底前识别生产过程废水量及COD含量。

2）生产车间将30%洗糖水回用，减少含糖水的排放，每天排到污水处理站的废水不得超过200立方米，COD含量不得超过2000毫克/千克，由车间主任负责落实。

3）污水处理站负责对污水处理设施进行维护和运行控制。

4）设备管理部在3月之前购置1台在线监测COD的设备，安装在废水出口处。

5）针对装置出现异常的情况，环保管理部在5月前完成《应急处置方案》并进行演练。

6）环保管理部每月负责对生产车间、污水处理站进行监督检查，制定考核方案并落实。

【负面案例】

某粮食加工企业的年度环境目标之一是“政府抽检100%合格”。2016年夏天下暴雨时，当地环保部门在该工厂污水排放站取样检测COD超标。经分析，暴雨时工厂地沟含有物料残渣的水外溢流入排放口导致抽检不合格。

上述案例反映企业策划环境目标的实现措施时，在考虑“要做什么”这一步时并没有考虑异常情况。如果在策划做什么、怎么做的时候考虑到异常和紧急的情况，就可以设置雨水收集池等，可能会避免这种情况发生。

➡ 服务业运用案例

【正面案例】

某餐饮店环境目标为“严格遵守国家及政府有关环境保护的各项法律、法规和标准规定，完善本单位污染治理设施并保证治理设施运转正常，定期清理沉淀池和油烟净化器等设施，废水废气达标排放”。

为实现上述环境目标，该餐饮店采取以下措施：由餐饮店老板向同行和当地执法部门了解需要遵守的法规和标准，并请相关专业人员评价本店还有哪些不符合，2 月底完成。法规标准合规性评价过程发现废气、油烟、异味、废水还存在不合规的现象。措施做了进一步分解细化：

1）由厨师长负责在 3 月底之前将炉灶使用的燃料更换为清洁天然气和电能。

2）由领班负责设置收集处理油烟、异味的装置，并通过专门的烟囱排放，专用烟囱的高度高于周围 20 米内的居民建筑。

3）每月由清洁班长将废水经隔油和残渣过滤措施处理后排入市政管网，产生的残渣、废弃物集中后统一处理。

4）老板负责监督考核上述工作进展情况，请专业人员到现场协助监测废水、废气、油烟排放是否达标。

【负面案例】

某物流公司环境目标之一是“在承运客户的危化品时，不得遗洒或泄漏，避免对环境造成污染”

一天，该物流公司承运客户的盐酸，因人手紧缺临时从外部找了一位司机。运输车辆进入客户厂区时不慎撞到工厂物流大门旁的电线杆上，盐酸泄漏，刺激的气味四处弥漫。司机立即用就近的消防水将泄漏的盐酸冲入下水道，导致该工厂排水口在线监测超标。

追溯物流公司策划实现环境目标的措施。

1）虽然识别了运输过程可能存在泄漏和遗洒的紧急情况，但是没有明确发生泄漏或遗洒时正确的做法是什么（条款 a）。

2）车上没有配备相应的应急物资，保障目标实现所需的资源不充分（条款 b）；

3）临时找的司机不了解客户工厂的行车路线，不了解盐酸泄漏的应急处置方法，该司机不具备足够的工作能力。物流公司针对临时找的司机没有评价其能力和可能对环境目标的影响（条款 c）。

➡ 生活中运用案例

【正面案例】

小区物业 2017 年的目标之一是公共用电下降 20%。物业经理组织大家讨论确定将楼梯走廊的照明灯更换为声光控制的照明灯。

1）电工在 2 月 15 日前统计需要灯头的量。

2）财务部门负责核算并预留相应的资金。

3）采购部 3 月底前完成声控灯的采购。

4）电工在 4 月 15 日前完成安装。

5）物业经理监控上述工作的进展。

6）从 5 月起，由物业核算每月电耗量，并与去年同期对比分析。

【负面案例】

小明的语文成绩不理想，为了提高语文成绩，他给自己制订了“到学期末，语文成绩提高 20 分”的学习目标（目标制订）。为了实现这一目标，他通过分析自己学习中的不足，决定采取如下的措施（措施制定）。

1）每天阅读课外书 20 分钟。

2）每天默写语文词语 10 个。

3）每天做一篇阅读理解。

4）每天写一篇日记以提高作文成绩。

然而，到学期末的时候，小明的语文成绩并没有明显提升，目标并没有实现。究其原因，在目标实现的进程中出现了一些问题，没有得到及时解决。

1）每天阅读的课外书选择的大多是科技类、漫画类书籍，没有太多的文学书籍。这说明改进措施的细节上不够具体，导致措施不适宜（条款 a）。

2）每天默写 10 个词语、做一篇阅读理解，错误百出，也没有及时改正，无法达到预期的效果。这说明没有采用适宜的评价方法对结果进行评价，对于目标实现的进程没有进行有效的监视，也没有设置监视所需的参数，如默写的准确率等（条款 e）。

组织运行时常见失效点及可能的应对措施

常见失效点	可能的应对措施
组织策划实现目标的措施时，没有充分考虑到资源投入的需求。例如，需要请第三方进行废水排放的检测，因为没有将该费用列入预算而无法实现废水排放检测	任何组织在策划措施时都需要考虑现有人、财、物以及技术资源。在需要增加资源投入的时候，应该考虑资源投入不足带来的风险
策划的措施缺乏操作性，没有明确责任人、具体操作要求和完成时间	可以采用环境目标实施方案的形式，把本条款中的几项要求列入表中，逐一讨论；然后可以组织环保、技术、生产、工程设计人员等共同参与措施的制定。还应有异常处置、沟通的要求
策划的措施不能与企业业务相融合，存在“两张皮”现象	明确不同层级不同职能在实现环境目标上所对应的责任，各项措施要落实到各岗位，避免推脱扯皮。 从领导层面就要宣传环境保护和环境目标的实现是每个人的责任，而不仅是环境部门的责任，要在企业中建立这种文化。 措施的制定要邀请措施的实施部门一起进行，听取它们的意见，解决落实过程中的实际困难，要在实施前达成共识。 某些具体的实施步骤和要求可以写入企业的操作规程、作业指导等文件中，在做业务活动的过程中就已经落实了环境目标实现所需要的措施

最佳实践

1）细化措施，形成一份文件化的目标实施方案，方案中体现了做什么、怎么做、谁负责、完成的时间、评价的方法。这一方案定期评审，发现偏差及时调查、改进。

2）充分考虑异常情况处置措施，把它文件化并沟通。

3）实现环境目标的措施融入岗位操作规程，保证了环境管理与业务流程的融合性。

管理工具包

标杆管理、平衡计分卡、SMART 原则。

14 资　源

➡ ISO 14001：2015 条款原文

7.1　资源

组织应确定并提供建立、实施、保持和持续改进环境管理体系所需的资源。

➡ 条款解析

资源是任何体系运行不可缺少的组成要素，其直接影响到体系预期结果的实现。

对环境管理体系而言，资源是确保其有效运行和改进，以及提升环境绩效所必需的。巧妇难为无米之炊，组织的最高管理者应当确保那些负有环境管理职责的人员得到必需的资源支持。

资源的范畴很广，细分起来较复杂，如人力资源、财务资源、基础设施、设备机具、材料原料、技术知识、环境资源等。

本条款的理解可以从以下几方面着手。

（1）资源的确定和提供

资源的确定和提供是两个层面，但却是递进的关系。组织只有正确地确定其需要的资源，才可能有效地提供。那么如何确定呢？

1）内部问题。依据组织的环境管理体系范围、方针、战略目标、规模及其活动、产品和服务的特性以及组织的文化等内部因素。

2）外部问题。2015 版标准拓展了组织的情境，不仅包含上述内部问题，同时还包含组织所处的社会环境等外部因素。

3）合规义务。在环保要求日益增加的今天，组织在确定资源投入时一定要遵循组织的合规义务（包括法律法规的要求、相关方要求和组织自愿承诺），合规是环境管理体系运行的底线。以此为基础，才可能提升至对内改善环境绩效，对外提升核心竞争力的战略高度。

资源是环境管理体系和过程不可缺少的组成部分，也是实现环境方针和目标的必要条件。确定资源后，如何提供呢？

1）结合条款 5.1d，最高管理者应确保可获得环境管理体系所需的资源。

2）最高管理者的承诺对于组织有效运行环境管理体系至关重要。同时结合条款

5.3，最高管理者需要确保在组织内部分配并沟通涉及资源相关角色的职责和权限，包括岗位设置、职责分工、工作要求、审批权限等，保证环境管理体系的运行。

3）组织应明确哪些资源是组织自身应该具备的，哪些资源是可以通过外包获得的，如何策划过程并获得相关资源。

4）资源的投入要为组织需要面对的风险和机遇、重要环境因素以及合规义务等服务。根据风险水平高低和对组织的重要程度分清主次和重点，重点问题加大资源投入，避免芝麻西瓜一把抓，要把好钢用在刀刃上。

（2）资源的适宜性、充分性、有效性

环境管理体系的预期结果是使组织能够提升与其活动、产品和服务有关的环境绩效。为了达到这一预期结果，资源的确定和投入同样要做到适宜性、充分性、有效性。一方面，组织的环境管理体系的配套资源投入往往带有强制性，不是组织想不投入就可以不投入的，如根据环保“三同时”制度，环保设施不配套，企业无法开始生产。另一方面，组织在建立和实施环境管理体系之后还需要持续改进，因此，资源的投入并非一步到位的，需要跟随组织持续改进的步伐。

那么，如何判断组织在某一个发展阶段提供给环境管理体系的资源是否适宜、充分和有效呢？组织应当根据组织面临的内外部问题（包括自身的规模、能力、所处行业或者社会的环保发展水平以及战略宗旨等），综合考量资源的适宜性、充分性以及有效性。但无论如何，合规是组织存在和发展的基础，即合规是组织的生存底线。合规是所有建立和实施环境管理体系的组织都应当达到的。

然后，组织在合规的基础上可以根据自身的内外部环境、重要环境因素、需要面对的风险和机遇等，以确定资源是否适宜性、充分性和有效性。

组织不应仅仅满足于合规，而是从组织自身发展角度，真正实现环境、社会、经济可持续发展的目标，借以助力组织提升核心竞争力。

➡ 应用要点

1）与条款5.1和5.3结合，最高管理者应当确保资源的确定和提供落实到具体岗位，并赋予其支配一定资源的职责和权限。

2）与条款6.1.4和6.2.2的输出相结合，判断组织管理需要应对的风险和机遇、重要环境因素、合规义务等所策划的措施（包括运行控制、应急准备与响应以及监视、测量、评价等）需要哪些资源，从策划阶段就保证资源的适宜性、充分性和有效性。

3）与绩效评价的输出相结合，从体系实施结果上判断资源对环境管理体系支持的适宜性、充分性和有效性，从而从资源支持的角度帮助体系实现持续改进。

➡ 本条款存在的管理价值

环境管理体系的运行离不开资源的支持。因此，在“策划”之后紧跟着“资源”，符合环境管理体系策划和实施的过程顺序。资源与过程的关系可以通过下图表示。

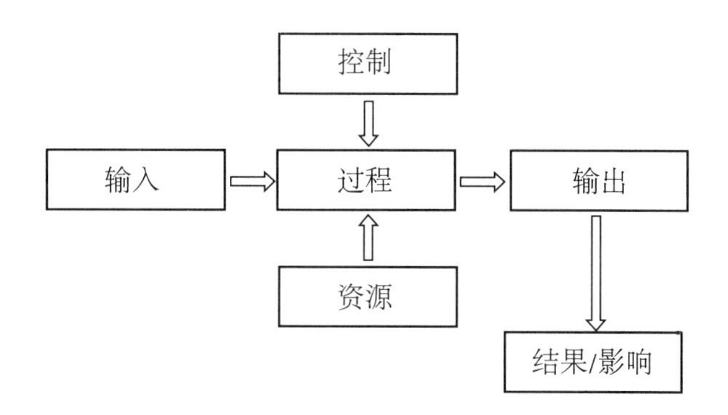

这也显示了资源对于体系运行的重要性，环境管理体系其他条款的实施均离不开资源的支持。因此，最高管理者和体系管理者要给予资源足够的重视，避免理念口号喊得响亮，落地却是“无米之炊”的局面出现，瓦解了组织建立和实施体系的表态和决心。

➡ ISO 14001：2004 条款内容

4.4　实施与运行

4.4.1　资源、作用、职责和权限

管理者应确保为环境管理体系的建立、实施、保持和改进提供必要的资源。资源包括人力资源和专项技能、组织的基础设施，以及技术和财力资源。

➡ 新旧版本差异分析

通过新旧标准条款对比我们可以看出：

1）在 2004 版标准中，资源同作用、职责和权限在 4.4.1 一个条款中，作为实施与运行的要求之一。而 2015 版标准将资源作为第 7 章“支持”的第一个独立条款列出，这不仅是标准高阶结构变化的体现，同时也起到统领的作用，使资源在环境管理体系中的位置和作用一目了然。

2）2015 版标准将资源包括的内容去掉了，这一变化对于环境管理体系运行成熟度不同的组织来说，对资源运用的自由度更高了。凡是有利于环境管理体系建立、实施、保持和改进的资源都可以称为资源。组织可以根据自身的需求有选择性地或者广泛地使用可用的资源。

3）尽管在2015版标准中资源独立成一个条款，但是在标准其他条款中均有关于资源要求的身影，如条款5.1d、6.2.2b、9.3e等。管理评审输出中应包括与环境管理体系变更的任何需求相关的决策，包括资源。

➡ 转版注意事项

在2004版标准和2015版标准中均没有对“资源”这一条款提出建立程序或形成文件的要求，但是在转版时应该关注2015版标准中其他条款中涉及资源的提法或要求。

➡ 制造业运用案例

【正面案例】

1）某企业上马大型加工项目，为了控制好企业自身的污水排放，从生产线设计之初就遵循国家、行业、地方等的污水排放标准，设置污水在线监测系统以及污水处理装置，避免污水不达标排放，这些都是控制好企业环境因素必要的资源投入。

2）某制造企业历来注重环境保护，如关于垃圾分类做了明确的分类管理规定（国家、行业、地区以及公司对垃圾分类管理的规定、标准或要求），购置若干固体废弃物分类箱（必要的资源配置），将车间产生的生活垃圾、废纸板、废铁丝、废电线、油棉纱等废弃物分类处置，并做好明显的标识。

【负面案例】

某企业锅炉房烟囱时常黑烟滚滚，排放严重超标，对大气造成严重污染，周围居民怨声载道。当地环保部门进行环保督查时要求企业立即停产整改，安装锅炉烟气除尘装置，并对烟气进行实时监测。企业负责人以资金投入过大、没有专业监测设备及人员为由迟迟未采取整改措施，最终被环保部门关停。

➡ 服务业运用案例

【正面案例】

某物业公司在小区内投入大量资源解决环境管理问题，增加人力资源将原来每两天一次的垃圾倾倒改为每天一次。增加小区内垃圾桶的数量，避免垃圾外溢。将小区内的白炽灯全部改为LED节能灯以节能降耗等。

【负面案例】

近日，因在未征求消费者意见的情况下便提供一次性餐具，重庆市绿色志愿者联合会以造成资源浪费和环境污染为由，将“美团”“百度外卖”以及“饿了么”诉至法院，外卖公司以利润中没有提供可降解餐具的费用为由应诉。这起诉讼背后折射出，外卖行业在发展过程中未主动投入相应的资源解决其业务过程中出现的环境问题，最终导致相关方起诉。

生活中运用案例

【正面案例】

现在越来越多的住宅小区在设计之初就在厨房配置粉碎机来粉碎厨余垃圾，这一变化体现了人们关注环保、践行环保的思想与行动。这些设备或装置的设计开发和利用本身也是一种资源投入的体现。还有越来越多的小区实现了垃圾分类、太阳能利用、声控照明等。

【负面案例】

小明家完成装修工作，一家人出于健康考虑都希望装修完成后室内空气甲醛浓度能比国家标准低。但在采购装修材料和家具的过程中，妈妈作为家里的 CFO，为了控制装修成本总是选择中低档的装修材料和家具。虽然单件家具和材料甲醛含量不超标，但这些材料和家具集中在一个房间后，经过第三方检测，室内空气甲醛浓度还是超出了国家标准。这就是典型的策划很好，但是由于实施当中缺乏资源投入，导致没有达到预期结果的例子。

组织运行时常见失效点及可能的应对措施

常见失效点	可能的应对措施
公司最高管理者在确定环境管理体系承诺时，仅仅将确保可获得环境管理体系所需的资源当成了一句简单的口头承诺，真正需要资源投入的时候却找各种各样的借口或者在审批层面大打折扣，造成资源无法有效投入和利用，从而影响组织最终的环境绩效	高层领导力与意识培训；组织最高管理者关于确保资源投入的承诺要写进组织的文件（手册等），作为资料向所有员工宣传、培训。 建立包括最高管理者在内的岗位职责说明书，明确每个岗位在资源确定和提供中的作用

续表

常见失效点	可能的应对措施
组织对于资源的理解过于狭窄或片面，认为资源即财务资源，忽视了人力资源、技术优势、前期策划等通过软实力能够解决的环境问题	在组织内开展有针对性的经验技术交流，特别是通过技术创新、方案优化等手段解决现有环境问题的案例使组织员工清楚资源的广泛性。资源可包括人力资源、自然资源、基础设施、技术和财务资源，如人力资源包括专业技能和知识，基础设施资源包括组织的建筑物、设备、地下储罐和排水系统等
资源的投入带有盲目性，缺少科学性、计划性，造成表面的硬件堆积，不仅不能发挥资源的有效作用，反而造成资源浪费	在组织内形成资源需求预算—资源需求计划—资源需求评审—资源需求审批的良性运行机制，紧扣需要应对的风险和机遇、重要环境因素以及合规义务等重点
组织在措施策划时忽略了所需资源的策划，导致目标实现受阻或最终无法实现	资源的支持作用贯穿于整个过程中，同样需要系统的 PDCA 循环管理
组织的管理评审对于资源的充分性没有有效评审，从而影响组织环境管理体系的持续改进	组织的管理评审要将组织年度资源开发利用、投入详情以及来年改进措施对资源的需求情况做详细讨论

最佳实践

1）组织机构：组织有相关资源需求的部门或岗位职责。

2）预算管理：组织年度资源需求或预算管理计划。

3）表单化：资源需求清单的确认及评审。

4）评审制度：管理评审中对于资源的充分性进行评审。

管理工具包

1）措施策划及其资源需求清单。

2）“人机料法环”的资源需求分析方法。

3）岗位责任说明书。

15 能　力

➡ ISO 14001：2015 条款原文

7.2　能力

组织应：

a）确定在其控制下工作，对其环境绩效和履行合规义务的能力具有影响的人员所需的能力；

b）基于适当的教育、培训或经历，确保这些人员是能胜任的；

c）确定与其环境因素和环境管理体系相关的培训需求；

d）适用时，采取措施以获得必需的能力，并评价所采取措施的有效性。

注：适用的措施可能包括向现有员工提供培训、指导，或重新分配工作，或聘用、雇用能胜任的人员。

组织应保留适当的文件化信息作为能力的证据。

➡ 条款解析

我们将从以下四个角度解析本条款。

（1）哪些人员需要具备能力？

能力是指“应用知识和技能实现预期结果的本领”，通常指在组织控制下工作的人员的能力，而不是泛指设备能力、程序能力等，属于人力资源的范畴。

在环境管理体系中，组织应当管理两类人的能力。

1）其工作可能造成重大环境影响的人员，如设计、研发人员。

2）被分派了环境管理体系职责的人员，包括：

①内部人员，如 EHS 经理、环境经理、技术员，外部专家、咨询师等。

②为实现环境目标作出贡献的人员，如环保车间主任、公用设施经理、设计研发人员、在场承包商。

③对紧急情况作出响应的人员，如应急响应团队（管理和现场）。

④实施内部审核的人员，如内审员。

⑤实施合规性评价的人员，如内审员、外审员。

组织在确定环境管理体系运行所需的人员编制时，人员的能力和数量应当与组织自身运营的实际需要匹配。避免盲目提高用人标准，造成组织人力资源的浪费；避免依赖增加人员的数量来替代人员能力的不足。

组织在确定了人员编制后，应清晰岗位能力要求，并且确定与环境因素和环境管理体系有关的能力需求，如在岗位职责书中明确岗位能力要求、培训需求等。为了便于管理，也可以建立部门级别、公司级别的岗位能力矩阵、岗位培训需求矩阵。环境管理体系所要求的人员能力、培训需求等可以与其他管理体系相融合，不一定要单独设立文件。

（2）如何评价能力是否胜任？

评价能力有效性的关键词是“胜任”，组织对人员能力的考核和评价要结合其岗位要求及组织的现实情况，切不可好高骛远，也不能放低标准。

要评价一个人是否具备某种能力，可以通过考核来确定，也可以通过其过往的实践、学习经历证实其是否具备某种能力，还可以通过监视考核其绩效以考察其能否胜任其岗位。

即使人员能力已经能够胜任，但组织和人员都是动态发展的，因此组织应当持续监测、评价人员能力的有效性。例如，通过定期的再培训保持人员能力。

（3）如何获得相应的能力？

对于通过评价确认并不胜任的人员，组织适当时要采取措施使其获得所需的能力。

对于人员而言，能力获得的途径有教育、经历、培训等。例如，大学学习的化工专业，会对化工方面涵盖的环保要求有相应了解。抑或在企业从事 EHS 工作，日常操作涉及水、气、声、渣的管理，有机会参加企业内部或政府相关单位的环保培训，可以获得相应的能力。

对于组织而言，获得能力的途径包括培训现有岗位人员；通过调岗、换岗或者聘用，将有能力的人员调整至该岗位。

对于组织而言，无论采取哪种措施，都需要监视这些措施的有效性，如培训后或者聘用后进行跟踪评估。

标准特别说明，组织应确定与环境因素和环境管理体系相关的培训需求。也就是说，这两方面的知识和能力是环境管理体系比较独特的，组织在未实施环境管理体系之前一般不具备这两方面的知识和能力，因此需要特别确定有关的培训需求。但其他方面的能力，如管理能力、计划实施能力等是组织管理通用的能力，组织可以根据自身情况自行决定，并不需要为实施环境管理体系特别提供培训。

现实生活中在某些组织中存在一提能力就要培训的现象。要知道，培训并不是使人员获得能力的唯一途径；有些培训也不是所有组织都负担得起；对于与实践联系紧密的能力，通过培训获得能力的有效性也并不好。组织应当根据自己的能力和需求评估在组织控制下的人员通过哪种途径获得能力更有效、更经济。

因此，当一个岗位出现不胜任的现象，我们不仅可以通过培训现有人员来使其获得能力，也可以通过雇用胜任的人员直接使组织获得相关的能力，还可以通过换岗等方式使每个人做自己胜任的事。

在文件化信息方面，2015 版标准要求保留适当的文件化信息作为能力的证据，而不仅仅是培训记录。这些记录可以包括培训及其评估结果的记录，学习经历、工作经验、奖惩经历的证明，以及人员绩效考核记录等。这是最低标准的文件化信息要求。组织还可以建立和保持培训管理程序、人员招聘程序等确保过程的有效性。

➡ 应用要点

1）确定人员的能力需求时，首先确定关键岗位，确定哪些岗位的工作可能影响组织的环境绩效或者影响组织履行合规义务的能力，然后再针对这些岗位人员确定其能力要求。此处不要遗漏承包商等在组织控制下工作的人员。

2）在确定了岗位能力需求后，应当首先评估现有岗位人员是否具备这些能力。评估的方法多种多样，能力考核、工作经历考察、奖惩经历考察等都可以作为评估方法。只有当现有人员不具备这些能力时，组织才需要采取适当的措施以获得这些能力。这个顺序很关键，避免组织做边际效用很小的工作。

3）对于不胜任的岗位，组织可以通过适当的方法，如培训、招聘、轮岗等各种方式使人员获得能力，但需要对措施的有效性进行评价。注意，组织不是采取的措施越多越好、越贵越好，一定要根据组织的现实情况确定措施。措施不在于花哨，有效就好。

能力的证据包括但不限于培训记录。因为培训不一定有效，组织可能需要通过管理层在实践中确认或者绩效考评等其他证据结合证明人员的能力。这也是结果导向在 2015 版标准中的体现。

➡ 本条款存在的管理价值

能力是管理体系支持系统的一部分，是环境体系有效运行和改进，以及持续环境绩效所必需的一个支撑。仅有意识没有能力，体系也无法运行。所以本条款提醒组织要时刻关注相应岗位的人员能力是否胜任体系运行的要求。尤其要防止随着组织的发展，人员能力没有与时俱进而带来的管理风险。

➡ ISO 14001：2004 条款内容

4.4.2　能力、培训和意识。

组织应确保所有为它或代表它从事被确定为可能具有重大环境影响的工作的人员，都具备相应的能力。该能力基于必要的教育、培训或经历。组织应保存相关的记录。

组织应确定与其环境因素和环境管理体系有关的培训需求并提供培训，或采取其他措施来满足这些需求。应保存相关的记录。

组织应建立、实施并保持一个或多个程序，使为它或代表它工作的人员都意识到：

a）符合环境方针与程序和符合环境管理体系要求的重要性；

b）他们工作中的重要环境因素和实际的或潜在的环境影响，以及个人工作的改进所能带来的环境效益；

c）他们在实现环境管理体系要求符合性方面的作用与职责；

d）偏离规定的运行程序的潜在后果。

➡ 新旧版本差异分析

在 2004 版标准中，意识与能力、培训是在一个条款之下的。而 2015 版标准将能力、意识拆分为独立的条款，说明了能力对于体系运行的重要性。

2015 版标准在 2004 版标准的基础上明确了组织需要考虑能力需求的人员不仅包括组织自身的员工，也包括在组织控制下工作的人员。

2015 版标准强调了两种人员的能力需求，一类是影响组织环境绩效的人员，另一类是影响组织履行其合规义务能力的人员，而不是 2004 版的“从事可能具有重大环境影响的工作的人员”。相比之下，更容易鉴别关键岗位。

2015 版标准强调了“胜任”二字，说明能力的要求在某一个时间段内恰到好处就可以了。

2015 版标准要求保留相应的文件化信息作为能力的证据，而不仅仅是 2004 版标准提到的培训记录。

➡ 转版注意事项

在文件化信息方面，2015 版标准要求保留适当的文件化信息作为能力的证据，而不仅仅是培训记录。组织可自行决定保留哪些证据。这些记录可以包括培训及其评估结果的记录，学习经历、工作经验、奖惩经历的证明、绩效考核记录等，如环境测试人员的专业培训记录、内审员的审核能力证据、废水处理人员的专业上岗证书等都可作为证据。这是最低标准的文件化信息要求。组织还可以建立和保持培训管理程序、人员招聘程序、绩效考核程序等确保过程的有效性。

➡ 制造业运用案例

【正面案例】

某机械制造公司管理部副总参与了当地环保局关于VOCs减排治理的宣传会议后，了解到公司必须尽快对涂装废气实施管控并达标排放，否则就会面临行政处罚。经过排查，确定企业内部员工无法满足VOCs改造的能力需求，故经过慎重挑选后将此项目发包专业第三方实施。同时，企业选取多人参加VOCs设备日常使用及监测培训，使关键岗位员工获得日常使用和监测的能力。三个月后完成改造工程，涂装废气全封闭、全收集且达标排放，通过了当地环保局指定的第三方检测，设备日常运行有经过培训考核后的专人进行使用、管理和监测，满足了能力需求。

【负面案例】

某机械制造企业的高层决定进行涂装生产线的设施设备改造。在项目策划初期评审会议上，EHS部门主管未在会上提出改造应向当地环保局进行备案的要求，且在改造完毕后未向环保局申请环保验收即批准投产。经周边居民举报并查实后该机械制造企业受到当地环保局行政处罚，要求限期整改并处罚金。由于EHS部门主管的能力不足，导致了企业承担了风险。

➡ 服务业运用案例

【正面案例】

菲律宾长滩岛天堂大使度假村高层大力提倡环保，后勤部门主管收集汇总当今主流的酒店环保方案，最终采用了利用废弃食用油发电的可再生能源系统。经过挑选比较后发包专业第三方安装了一套价值两百万披索（约29万元人民币）的机器（KG－1000），用来回收度假村使用过的烹饪油，与柴油混合后用来发电。同时请该第三方对后勤部设备管理人员进行培训、实操等教育训练，使相应员工获得相应日常操作、监测和维护能力。现该系统运行正常，成为该酒店的一大卖点。

【负面案例】

某饮食店后勤负责人无相关从业经验，也未经过专业培训即被聘用。因其能力不足、决策失误，未在限期内安装油水分离器，导致该饮食店的排水许可证到期未续期。经环保局查实后给予行政处罚且要求该饮食店停业整顿。

➡ 生活中运用案例

【正面案例】

A 家庭所在小区推广垃圾分类回收，家庭成员全部参加了小区内的垃圾分类培训。在日常生活中，家庭成员都知道如何进行垃圾分类，每天按照分类要求投放垃圾。该家庭被评选为小区环保示范家庭。

【负面案例】

小张家内许多地方需使用干电池，如热水器、电视机遥控器、燃气灶等。小张不清楚含汞电池需由专门机构回收，将部分含汞的电池直接丢弃，该行为可能会导致水体、土壤污染。

➡ 组织运行时常见失效点及可能的应对措施

常见失效点	可能的应对措施
因客观原因，组织无法招聘和雇用到具有能力的员工	内建（build）：内部培养现有人才。 外购（buy）：从外部招聘合适的人才（必要时借助猎头等第三方）。 解雇（bounce）：淘汰不胜任的人才。 留才（bind）：保留关键人才。 外借（borrow）：借用不属于自己公司的外部专业人才
培训不能有效提升能力，不能达到胜任关键岗位的预期要求	培训应尽量切合组织的需求，尽量具体，切勿大而不当。 通过考核等方式检验培训的有效性，根据考核结果调整培训内容。 如果培训仍然无法达成预期效果，组织应考虑通过其他措施获得能力
一想到提升人员能力，就想到培训，结果培训很多，却没有明显的效果	对于人员而言，能力获得的途径有教育、实践经历和培训等。对于组织而言，获得能力的途径包括培训现有岗位人员；通过调岗、换岗或者聘用，将有能力的人员调整至该岗位。因此，获得能力的途径不止培训这一条路，组织要扭转思路，避免在培训的路上一条路走到黑

续表

常见失效点	可能的应对措施
人员发生变更，但却没有换岗培训；或者岗位职责发生变更，却没有重新识别新的岗位职责所需的能力，导致能力不胜任	组织要特别关注会引发组织的能力变化的变更，要提前识别和应对，避免因关键岗位的能力需求变更或者人员变更，组织未及时应对导致的风险
仅保留了培训记录作为能力证据	在文件化信息方面，2015 版标准要求保留适当的文件化信息作为能力的证据，而不仅仅是培训记录。这些记录可以包括培训及其评估结果的记录，学习经历、工作经验、奖惩经历的证明以及人员绩效考核记录等

➡ 最佳实践

某公司 EHS 部对公司涉及环境管理的岗位梳理了一遍，形成了关键环境管理岗位清单，并根据这些岗位的职责形成了岗位能力和培训需求矩阵，这些岗位和人员的情况每半年或者发生变更时监控其胜任程度。而且这些岗位的人员或者职责变更必须告知 EHS 部门，以便 EHS 部门采取措施应对变更，保证组织持续获得体系运行所需的能力。

➡ 管理工具包

1）岗位能力和培训需求矩阵。

2）岗位能力和培训需求说明书。

3）员工能力提升模型。

4）借由企业内部资深的 HR 人员或外部有经验的咨询顾问主持，高级主管参与，并配以已被验证有效的能力模型字典，协助大家达成共识。这种方法既可以避免高级主管天马行空，确保从能力字典中讨论出来的能力确实已经通过验证，又可以通过他们的参与确保讨论结果的接受度，为未来能力模型在企业中的应用和落实打好基础。

16 意　识

➡ ISO 14001：2015 条款原文

7.3　组织应确保在其控制下工作的人员意识到：

a）环境方针；

b）与他们的工作相关的重要环境因素和相关的实际或潜在的环境影响；

c）他们对环境管理体系有效性的贡献，包括对提升环境绩效的贡献；

d）不符合环境管理体系要求，包括未履行组织合规义务的后果。

➡ 条款解析

意识存在于人脑当中，看不见摸不着。因此，一谈到意识，很多体系管理人员都觉得虚无缥缈、无从下手。2015 版标准提示我们应当从四个维度来建立环境意识，并将环境意识转化为对提升组织环境绩效的行为。

第一，环境方针对组织在环境绩效方面的意图和方向作出了正式的表述。组织的环境方针应当与组织的战略发展方向是一致的，是为组织的战略发展方向服务的。方针犹如鸡汤，让大家因为了解企业的愿景而满怀热情。

为了实现组织的环境绩效意图，为组织的大战略发展方向服务，组织可以安排适宜的沟通或者培训活动，在组织内部建立对环境方针一致的理解，这样组织内部才能集中力量、避免内耗，确保所有相关人员在工作中主动地应用环境方针中所阐述的原则。

因此，使员工建立对环境方针的意识，不是对环境方针的机械背诵，而是对环境方针和组织战略方向的理解，并在自己的工作中活学活用。当员工遇到有关环境管理体系的疑难问题时，环境方针所阐述的原则应当作为决策的一个考虑因素。

环境方针不应是“死的”标语和宣传语，而是“活的”，可能随着组织的发展和员工的实践不断被赋予新的内涵和语言。

第二，通过环境专题培训、环境因素辨识研讨会等方式使员工理解与他们自己的工作相关的重要环境因素及其环境影响，能够帮助员工明白自己的工作对于提升组织环境绩效的贡献和责任，并且在工作中能够主动地结合自己的岗位担当和专业知识、技能，去主动地思考如何消除或者降低组织的活动、产品和服务对环境的负面影响，或者增进正面的环境影响。

第三，环境管理体系的运行不单单是安全环保部或者体系管理部的责任，而是每一个员工的责任，这也正是2015版标准所强调的。应当使在组织控制下的工作人员意识到自己对提升组织环境绩效的贡献。组织应当将这类意识的建立与环境目标、指标和环境管理职责的逐级分解结合在一起。

例如，将环境目标和指标、环境管理职责分解到岗位、分解到个人，写入岗位责任书、个人绩效评价表，让每个员工都认识到自己身上对组织环境绩效的责任。并且基于这一理解，当组织有工艺、原材料变更时，相关员工就可以通过自己的工作行动来积极配合管理部门消除或者降低对环境的负面影响，增进正面的环境影响。

第四，要使员工认识到组织或个人不符合环境管理体系要求可能带来的后果，包括未履行组织合规义务的后果。这类似于很多组织做的警示教育。

2015版标准强调组织履行合规义务，条款7.3（意识）也体现了这一点。这部分可以通过法律法规培训、同行违法案例以及事故的分享、建立与环境绩效相关的奖惩制度等，使员工了解到从组织到个人不符合环境管理体系要求的后果。

➡ 应用要点

1）环境方针是组织价值观在环境管理方面的具体体现。员工对环境方针的意识是一个知其然之后知其所以然并践行的过程，是一个向员工“布道”组织价值观的过程。这一点在应用时要特别注意。

有一句话说得很好：“我们不看一个人说什么，而是要看他做什么。”为了不使环境方针沦为一句“死的”标语，最高管理层应当认真淬炼组织的价值观，逻辑自成一体，符合组织的现状和战略，并且始终务实地践行这些价值观，才可能说服员工理解和相信这些价值观，真正在工作中应用这些价值观，并通过自己的实践丰富这些价值观。

2）与环境管理体系相关的意识应用要点仍然紧扣在2015版标准的重点上。

①与员工工作相关的重要环境因素及其环境影响。对于重要环境因素及其环境影响的意识，标准并没有要求每个人都建立全面而系统的认识，而是与他们工作相关的。因此，对这类意识的建立不要为了建立意识而建立，要尽最大可能融合在业务流程里，随着组织业务流程潜移默化地完成，做到“随风潜入夜，润物细无声”。

②未履行组织合规义务的后果。合规义务是2015版标准反复强调的重点。需要特别注意的是，合规义务不仅包括法律法规，还包括相关方的需求和期望。建议通过两个途径建立这方面的意识：

a）通过研讨会，组织员工确定与自己工作相关的合规义务。

b）通过对正面、负面案例的分享来强化。

➡ 本条款存在的管理价值

对环境管理体系的意识是组织文化建设的一部分。这两者之间是互相铆合的，并具备协同效应。

组织文化应当鼓励员工守法遵法、积极地承担社会责任，从而促使员工主动关注自己的工作和生活对环境的影响，主动提升其环境绩效。对于条款 7.3（意识）而言，建立主动性是最佳管理境界。

对环境管理体系的意识也会反过来促进组织文化的建设。一个有社会责任感、具备环保意识的员工更加可能是一个乐于对组织的商业和环境绩效有所贡献的人，更可能是一个勤勉和具备长远眼光的人。这样的员工越多，企业的运营状态一定会越好。

➡ ISO 14001：2004 条款内容

4.4.2 组织应建立、实施并保持一个或多个程序，使为它或代表它工作的人员都意识到：

a）符合环境方针与程序和符合环境管理体系要求的重要性；

b）他们工作中的重要环境因素和实际的或潜在的环境影响，以及个人工作的改进所能带来的环境效益；

c）他们在实现与环境管理体系要求符合性方面的作用与职责；

d）偏离规定的运行程序的潜在后果。

➡ 新旧版本差异分析

在 2004 版标准中，意识与能力、培训是在一个条款之下的。而 2015 版标准中，意识则作为一个独立的条款，说明标准更加重视意识对管理体系成功运行的作用。

➡ 转版注意事项

转版时不需要做文件或者记录的追加工作，也不是必须建立标准化程序，但是组织在进行与环境管理体系相关的意识培养时，应当关注条款解析部分提到的四个维度是否均覆盖到了。建议借助转版时机，实施全员“2015 版标准意识培训”。

➡ 制造业运用案例

【正面案例】

某热力供应公司技术部经理参与了该公司体系管理部组织的环境因素辨识研讨会，

了解到锅炉能效不仅影响公司的运营成本，也会影响锅炉大气污染物的排放浓度和总量。而公司已经与当地环保局签订了自愿减排协议，公司必须尽可能降低锅炉大气污染物的排放浓度和总量，否则就会面临行政处罚。两个月后该热力公司 1 号锅炉车间计划进行技术改造，技术部经理主动召集采购部经理、EHS 经理等相关人员展开研讨，敲定新的锅炉应当满足的技术和环保要求。

【负面案例】

某电镀企业污水处理车间主任对电镀污水违法超标排放的法律后果不清楚。某日污水处理设备发生故障，他自作主张趁半夜从雨水收集池排放口排放未处理的电镀污水至当地河流中，造成饮用水源污染。该电镀企业受到当地环保局行政处罚，污水处理车间主任有可能承担刑事责任和民事赔偿责任。

➡ 服务业运用案例

【正面案例】

某旅游公司旅游线路开发主管参加了一次公司组织的环保专家讲座。专家提到，西藏的生态系统非常脆弱，频繁的人类活动会影响其生态系统的稳定性，甚至会造成生态系统崩溃。这提醒了她，之前她从来没考虑过自己的工作可能会对环境产生这么巨大的影响。培训结束后，她主动咨询专家在旅游线路开发中应当如何避免对环境的负面影响。

【负面案例】

某网络电商认识到自己应当承担一定的企业社会责任，减少自己的环境影响，于是对员工进行了一次培训，题目是“绿色出行”。这一培训只是泛泛地培训员工尽可能多采用公交车、自行车等绿色出行方式，没有结合员工自身工作对公司环境绩效的贡献。表面上似乎进行了意识培养，但对提升公司环境管理体系有效性效用甚微。

➡ 生活中运用案例

【正面案例】

为了节水、节电，家庭生活中应注意让家人养成及时关紧水龙头，离开房间及时关灯的习惯，夏天房间内空调的温度不低于 26 摄氏度，尽可能减少电量的消耗。

【负面案例】

现在网络购物非常流行，确实非常方便、快捷，足不出户就能买遍全球。但在“买买买”的过程中，却很容易忽略自己的网络购物行为对环境的负面影响。废弃的网络购物包装盒、塑料袋等所产生的负面环境影响已经开始显现。因此，在网络购物时要尽可能地集中购物，尽量减少包装物对环境的影响。

组织运行时常见失效点及可能的应对措施

常见失效点	可能的应对措施
组织将环境方针写入了管理手册，却没有向员工宣贯。员工不清楚组织的环境方针，甚至不知道组织有环境方针	组织应当采用适宜的、多样的形式向员工宣贯环境方针，如张贴标语、标准知识竞赛活动、征文等多种活动形式
将意识的培养简单理解为培训或者各种宣传活动，造成意识与员工实践的割裂，无法将意识有效转化为行为	除了培训和各种宣传活动之外，意识的培养应当融合在环境管理体系的过程中，如组织员工参与环境因素辨识、现场环保检查等，将意识培养融合在作业指导书中，融合在工作实践中，逐步形成保护环境的习惯和行为
意识的培养与员工自身业务流程关系不大，对员工触动不大	意识的培养应当契合组织的业务特点和员工的工作流程，结合员工应当遵守的作业程序、工作相关的合规义务或者可借鉴的行业案例进行渗透，切不可过于发散
组织的意识与行为完全割裂，消解了各类意识培养活动的作用。例如，某物流公司的环境方针是减少组织碳足迹，但公司高层在采购运输车辆综合决策时却优先考虑车辆采购价格，未考虑车辆尾气排放量，使员工认为公司高层并不想认真履行环境方针，没有动力在自己的工作中寻求减少碳足迹的机会	组织，尤其是最高管理层的意识和行为首先要实现一致性，才能说服员工跟随组织的环境方针及其背后的价值观

最佳实践

虽然标准并没有要求组织对条款7.3（意识）建立标准化程序，但是为了保证意识培养的有效性，建议在环境方针、环境因素、合规义务、培训、环境绩效等相关过程中融入意识培养的理念，避免意识培养成为空中楼阁，无法落地。

➡ 管理工具包

1）教练式、启发式培训。

2）开展环境因素辨识研讨会、合规义务确定研讨会等。

3）高层与基层员工一起进行现场检查。

4）案例分享，如案例简报、案例视频。

5）团队建设活动，如与环保组织联合举办亲近自然的活动、“6·5”环境日自然摄影比赛、比比谁发现的环境隐患多等活动。

17 信息交流

➡ ISO 14001：2015 条款原文

7.4　信息交流

7.4.1　总则

组织应建立、实施并保持与环境管理体系有关的内部与外部信息交流所需的过程，包括：

a）信息交流的内容；

b）信息交流的时机；

c）信息交流的对象；

d）信息交流的方式。

策划信息交流过程时，组织应：

——考虑其合规义务；

——确保所交流的环境信息与环境管理体系形成的信息一致且真实可信。

组织应对其环境管理体系相关的信息交流作出响应。

适当时，组织应保留文件化信息，作为其信息交流的证据。

➡ 条款解析

对于组织与外界，组织内部各个部门、各个功能而言，信息的流动都是双向的。组织或者组织的某个部门既要能够提供，也要能够获取与环境管理体系相关的信息。

例如，按照法规要求，重点排污单位要定期向社会公布它的排污情况，这就是组织在向相关方提供信息；企业要定期通过政府网站等渠道获得有关合规义务的信息，这就是组织从外界获得信息。又如，组织内部各个部门之间，EHS 部门需要定期向全公司沟通组织的环境绩效，EHS 部门也需要从工程部、设计开发部等获取未来会有哪些计划的变更，并且组织必要的环境因素识别和评价活动。

以下我们从八个维度解析本条款。

第一，信息交流的内容决定了信息交流的重要级别和难易程度。明确信息交流的内容，不仅可以提高信息交流的效率，而且还可以提前策划，确定一个更好的信息交流的时间、空间和心态。环境管理体系信息交流的内容可以包括合规义务、重要环境因素、组织需要应对的风险和机遇、环境绩效、持续改进建议以及不符合项等。

第二，信息交流的时机，规定在何时进行信息交流最适宜。信息交流的时机与信息交流的对象、信息的紧急重要程度有关。不同的信息交流时机将影响信息交流的效果。一般而言，预警式信息交流比报警式信息交流效果更好，因为人员都已经有了预期，比突如其来地接受意料之外的信息更容易接受。同时，越重要的信息、越紧急的信息越应当及时交流。例如事故信息报告就必须快速、及时。

第三，信息交流的对象。

信息交流对象的职位、年龄、专业背景、思维方式和行为习惯等会影响信息的效果，因此，在策划交流过程时应考虑信息交流对象。

信息交流的对象包括内部和外部信息交流对象两种。

在组织内部的各个层级、各个功能之间进行信息交流，对于确保环境管理体系的有效性非常重要。信息交流的顺畅程度决定了环境管理体系的运行效率。内部沟通分为纵向和横向。纵向主要分最高管理层、经理层和基层三级；横向主要分本部门人员之间的平级沟通、跨部门人员之间的平级沟通。

外部信息交流包括与承包商、供应商、政府、周围社区居民、非政府组织、股东、媒体、业内专家等相关方的信息交流。

第四，信息交流的方式。信息交流的方式包括非正式的讨论、小组讨论、培训、组织开放日、环保宣传活动、公司网站、电邮、广告、媒体发布会、新闻通稿、书面报告、电话投诉热线、微信群、公众号等。

如果采用微信或 QQ 这种非正式的交流方式时，一定要确定被交流的人收到信息，确保信息传递到位（例如在群里交流时，常常会遇到消息未来得及看就已经被刷屏了）。另外，当采用非声音或肢体状态的交流方式时，应尽量把要交流的内容表达清晰，以减少或避免交流人想表达的意思和被交流人理解的意思不同所产生的误解。

采取什么样的信息交流方式还需要考虑信息交流的对象和内容以及希望取得的沟通效果。我们通常应考虑信息交流对象的职位、年龄、专业背景、思维方式、理解能力和行为习惯等，并且综合考虑信息交流内容的复杂程度、重要紧急程度等来确定信息交流的方式。

同样是培养环境意识，对于最高管理者和基层员工应当用不同的方式。最高管理者更关心环境管理体系的运行对组织整体运营绩效的促进，而基层员工则应当从他们自身的工作出发。

和不同年龄段的交流时，应考虑各年龄段人的思维方式、价值观、信息交流方式偏好等方面的差异。“90 后”员工更喜欢轻松的、寓教于乐的信息沟通方式，而“60

后”“70后”员工则更喜欢正式一些的沟通方式。

与不同专业背景的人沟通时，要注意自己提供的信息对方是否有足够的专业背景去理解。例如，内审员与采购部人员沟通重要环境因素及其环境影响时，应当考虑如何让采购部人员理解环境因素、环境影响这些专业名词的含义。

组织应当考虑如何对获得的信息进行响应。例如，有些企业设立员工的合理化建议信箱、居民电话投诉热线，那么就应当考虑如何去响应员工的建议，如何去回复居民的电话投诉。

第五，标准仅要求在适当时，组织应保留文件化信息作为信息交流的证据，尤其要关注合规义务要求的信息交流的文件化。信息交流的过程和要求是否文件化，不是标准的明示要求。

根据组织管理成熟度的不同，组织可结合自身的管理薄弱环节，在适当的环节增加一些标准化的要求，以便使沟通的信息能够更全面和准确，使信息交流过程中执行标准化和管理流程系统化。

第六，组织在策划信息交流过程的时候，首当其冲应当考虑组织的合规义务，如法律法规和相关方对信息交流的要求，包括行业规定、客户的要求、组织的承诺、环境管理体系标准的要求等相关的信息应在组织内部和外部进行交流。组织未能就合规义务的相关信息进行交流时，可能导致组织未能遵守这些合规义务，将会损害组织的声誉，或导致法律诉讼的风险；若组织能够就合规义务的相关信息及时有效地交流，并遵守及超出义务范围履行合规义务，则会有提升组织声誉的机遇。

第七，组织应当通过流程策划确保交流的信息是真实的、可信的，与环境管理体系形成的信息是一致的。

例如，组织对外发布的排污信息，应当与企业的在线监测系统或者实验室产生的监测数据一致，组织应当通过流程确保监测数据不被篡改和伪造。又如，在内部沟通环境事件报告时，应当确保环境事件报告与发生的事实一致，调查结论是可信的。

第八，组织应对其环境管理体系相关的信息交流作出响应。

根据信息的来源，组织应考虑适当的响应或处理机制。当信息来源于内部时，组织应先评价信息的重要程度、响应层级等，然后考虑是否需要升级信息响应和处理对象，即升级流程，交由相应职责的人员/部门去处理；当信息来源于外部时，组织应先对信息进行识别和评审，然后根据信息的重要程度采取相应的应对措施。

➡ 应用要点

2015版标准特别强调在策划信息交流过程时要考虑合规义务。组织首先必须考虑法律法规、相关方的信息交流相关要求。合规义务是2015版标准中不断强调的一点，信息交流也不例外。在策划信息交流过程时，要结合条款6.1.3和6.1.4的输出，避免遗漏合规义务的信息交流要求。

其次，本条款要求组织确保所交流的环境信息与环境管理体系形成的信息一致且真实可信，这是一些组织在信息交流中普遍存在的问题。可以采取在线监测系统、电子数据收集和报告系统等电子系统保证数据和信息的真实性和一致性。但是再先进的设备也是由人来操作和管理的。因此，组织要确保信息的真实性和一致性，要使人员具备相应的意识和能力，不去篡改、伪造信息，而是尽力确保数据的真实性和一致性。

最后，本条款也提醒组织对与环境管理体系相关的信息交流作出响应，及时就内部和外部的信息进行交流，以便及时识别风险和机遇，并积极采取应对措施。

➡ 本条款存在的管理价值

信息是有意义、有价值的数据的集合，信息是组织循证决策的基础，而无效的信息就会使决策变成无源之水，无根之木。

信息交流是组织与相关方之间、组织与员工之间，以及员工与员工之间思想的传递和反馈的过程，以求对事物的理解、认识是真实的、是一致的。有效的信息交流可提升企业的管理效率。

➡ ISO 14001：2004 条款内容

4.4.3　信息交流

组织应建立、实施并保持一个或多个程序，用于有关其环境因素和环境管理体系的：

a）组织内部和各层次和职能间的信息交流；

b）与外部相关方联络的接收、形成文件和回应。

组织应决定是否就其重要环境因素与外界进行信息交流，并将决定形成文件。如决定进行外部交流，则应规定交流的方式并予以实施。

➡ 新旧版本差异分析

在2004版标准里，信息交流只有一个条款。而在2015版标准采用了高阶结构，将信息交流分为三个条款。本条款专门阐述信息交流的总则。

2015版标准里，信息交流是指与环境管理体系有关的所有内容进行内部和外部全方位的信息交流，以及对信息交流的结果组织需要作出响应。同时强调在信息交流过程的策划中，组织应考虑其合规义务，应确保所交流的信息与环境管理体系形成的信息一致且真实可信。

➡ 转版注意事项

本条款转版不需要做文件或记录的追加工作，保持原体系状态即可。但是在2015版标准培训时，要强调对合规义务的考虑，并确保所交流的环境信息与环境管理体系形成的信息一致且真实可信，并考虑在现有的信息交流过程中如何落实这些要求。

➡ 制造业运用案例

【正面案例】

某电子产品企业计划将A款产品销售至欧盟市场，但品质部门通过对产品检测发现该款产品原材料中铅含量超标了，不符合欧盟RoHS指令的要求。品质部门立刻按照公司信息交流的机制，将该信息传递至研发技术部门、原材料供应商等相关人员。通过讨论，最终研发更改了设计开发，用环保材质替换了原来的材料，满足了RoHS指令的要求，该企业成功地开拓了欧盟市场。

【负面案例】

某电子产品企业，由于供应商供货临时出了点问题，只能购买含铅的焊锡丝应急，结果忘了把这个变化及时告知车间，导致车间以为是同一种材料，使含铅的焊锡丝与不含铅的焊锡丝混放，使生产过程中误将有铅的焊锡丝当作无铅的焊锡丝使用。该产品销售后，由于不符合RoHS指令要求，被相关部门抽查到并检测不符合相关的法律法规，导致大批产品召回，给企业带来了严重的经济损失和商誉损失。

➡ 服务业运用案例

【正面案例】

餐饮企业按环保法规要求对其生产经营过程中排放的油烟进行控制，确保达标排放并持续改进。某餐饮企业A对这一信息进行了识别和评价，并在内部进行有效交流，制定了必要的管理要求，让员工了解排烟控制的重要性。同时，该企业还将企业采取的环保措施等知会了相应的客户和邻居，使他们理解企业一直在为减少排烟对周围环境的影响而努力，获得了周边社区的谅解，减少了投诉。

【负面案例】

某餐馆对有关油烟排放相关的环保法规要求未在组织内部和外部进行交流，也未采取相应的响应措施。同时，在其生产经营过程中未按相关要求对其排放的油烟进行控制导致超标排放引发污染，遭到了餐馆周边居民的抱怨、投诉。环保监管部门对其进行处罚。

生活中运用案例

【正面案例】

在生活中，与环境管理相关的信息交流随处可见。例如，在教育孩子时不同的家长可在不同的时间和场合下分别给孩子作环保意识的宣贯，如孩子帮妈妈一起收拾厨房时，妈妈可以告诉她厨余垃圾怎么处理，不按规定处理可能带来的后果有哪些；爸爸陪孩子玩电动玩具时，爸爸可以告诉她玩具上的电池含有哪些有害物质，废弃时要怎么处理等。通过对信息交流过程的策划，让孩子从小建立环保意识。

【负面案例】

妈妈正在厨房接水准备洗菜做饭，儿子正在客厅看他最喜欢的动画片节目。突然，妈妈的电话响了，于是妈妈急急忙忙跑去卧室接电话，同时告诉儿子帮忙把水龙头关掉。谁知，儿子当时看得正入迷，根本没听到妈妈说的话，结果水龙头没关，水流了一地。无效的信息交流，不但浪费了水资源，还需要重新打扫厨房的卫生，也影响了家庭的和谐。

组织运行时常见失效点及可能的应对措施

常见失效点	可能的应对措施
信息交流内容不清晰，职责不到位，导致事情没人做，或者没达到理想的效果	对信息进行分类分层，建立信息交流机制，并落实到岗位职责
信息未及时传递到位，导致信息处理不及时，或未被处理	建立双向信息交流和响应的双向反馈机制，并考虑哪些交流方式是有效的
组织在策划信息交流过程时，对合规义务考虑不全，遭到处罚	在策划信息交流过程时，结合条款 6.1.3 和 6.1.4，避免遗漏合规义务的信息交流要求
信息交流过程有疏漏、人员意识不到位，造成交流的环境信息与环境管理体系形成的信息不一致，导致内外部相关方的不信任，甚至遭到处罚	策划信息交流过程时，要考虑策划信息交流的方式和时机提高人员意识和能力，确保满足本条款的要求

➡ 最佳实践

为了减少人为因素造成信息交流的差异，大部分组织对于信息交流都建立了作业标准。除此之外，为了确保沟通效果，各企业的沟通方式也越来越多样化：

1）对内信息交流方式有电话、内部邮箱、公司网页、会议、看板、内部报纸/杂志、微信群、微信公众号、培训、标语、环境保护专题橱窗、以环境保护为主题的团建活动等。

2）对外信息交流方式有公司网页、会议、看板、媒体/报纸/杂志、微信群、电话、微信公众号、培训、签订相关协议、定期走访、标杆学习交流等。

3）保留关键信息的交流记录。

➡ 管理工具包

标准化信息交流过程、信息交流技巧培训、开展团队建设活动、标杆管理、相关方研讨会。

18 内部信息交流

➡ ISO 14001：2015 条款原文

7.4.2　内部信息交流

组织应：

a）在其各职能和层次间就环境管理体系的相关信息进行内部信息交流，适当时，包括交流环境管理体系的变更；

b）确保其信息交流过程使在其控制下工作的人员能够为持续改进作出贡献。

➡ 条款解析

从以下 4 个层次解析本条款。

1）内部信息交流按交流的对象可从纵向、横向两个维度考虑。纵向主要分三级信息交流：最高管理层、经理层和基层。横向主要分本部门人员的平级信息交流、跨部门人员的平级信息交流。

①由上至下的纵向信息交流。最高管理者应当传达有效的环境管理体系和遵守环境管理体系要求的重要性，确保以下信息在组织内交流：

a）环境方针（条款 5.2）。

b）环境目标（条款 6.2.1）。

c）相关角色的职责和权限（条款 5.3）。

②组织内部信息交流包括以下内容（包括纵向和横向）。

a）重要环境因素。

b）合规义务。

c）协调与环境管理体系相关的活动。

d）行动计划的持续跟踪。

e）改进环境管理体系的建议。

③由下至上的纵向信息交流包括以下内容。

a）环境绩效。

b）内审结果。

2）内部信息交流的方式可以包括培训、会议、非正式的讨论、小组讨论、环保宣传活动、电邮、书面报告和文件、微信群、公众号等。

3）组织应注意在适当时内部交流环境管理体系的变更。这里要结合条款 8.1 中的变更管理联同管理。组织需将变更内容、变更目的、潜在风险、所需资源、影响范围、职责变化等变更信息在相应职能和层次进行信息交流。

4）内部信息交流应能够帮助在组织控制下工作的人员为持续改进作出贡献。

信息交流的目的是为了体系的有效实施和运行。员工只有在理解所交流信息的要求和过程运行准则的基础上，才能为提升环境管理体系的持续改进作出贡献。

内部信息交流的内容、方式和时机均需要认真策划，使在组织控制下工作的人员了解：其在环境管理体系中的角色、职责和权限；与履行其职责和权限相关的信息，如环境方针、环境目标、重要环境因素和合规义务等。

➡ 应用要点

内部信息交流时，应关注 3 个关键点：

1）为确保环境管理体系相关的信息在组织各个层级和岗位人员间都得到有效交流，组织应有清晰的职责分配机制，明确交流事项、交流内容、交流的目的、交流的时机、交流的方式、交流的范围和对象，不同信息的担当人是谁等。

2）环境管理体系的变更信息应及时有效地交流，包括变更内容、变更目的、潜在风险、所需资源、影响范围、职责变化等。

3）内部信息交流要充分和适宜，保证在组织控制下工作的人员能获得与其角色、职责和权限适宜的信息。

➡ 本条款存在的管理价值

充分、适宜的内部信息交流过程对组织的环境管理体系有效运行非常重要。环境管理体系运行中出现的问题，大多数原因都是内部信息交流不畅。因此，为了使组织的环境管理体系有效运作，良好的内部信息交流是关键。

➡ ISO 14001：2004 条款内容

4.4.3　信息交流

组织应建立、实施并保持一个或多个程序，用于有关其环境因素和环境管理体系的：

a）组织内部和各层次和职能间的信息交流；

b）与外部相关方联络的接收、形成文件和回应。

组织应决定是否就其重要环境因素与外界进行信息交流，并将决定形成文件。如果决定进行外部交流，则应规定交流的方式并予以实施。

➡ 新旧版本差异分析

2004 版标准没有强调对环境管理体系变更信息的交流，2015 版标准则要求组织考虑环境管理体系变更的信息交流。除此之外，2015 版标准要求组织考虑如何通过内部信息交流使员工为提升环境管理体系的持续改进作出贡献。

➡ 转版注意事项

就内部信息交流而言，转版不需要做任何文件或记录的追加工作，保持原体系状态即可。2015 版标准强调内部信息交流时，适当时组织应关注与环境管理体系变更的相关信息的交流。这一点要结合条款 8.1 中的变更管理联动管理，并对人员进行培训。

➡ 制造业运用案例

【正面案例】

某家具生产企业在生产过程中需要使用油漆，从而产生大量的油漆桶。环境因素识别讨论会将废弃的油漆桶识别为环境因素，且属于危险废弃物，需要有资质的供方回收处理。生产经理将这一信息传递给了采购人员，让采购人员查找有资质的油漆桶处理厂家。同时，该生产经理就这一环境因素及管控措施通过班组早会的形式进行了宣贯和培训。

【负面案例】

某机械制造企业对新来的机修工小王进行岗前培训时，没有培训该岗位所涉及的环境因素和控制措施。小王在维修设备的时候将含油污的废抹布随意丢弃，没有按照公司规定分类存放，不便于该类废弃物的回收和按规定处置。

➡ 服务业运用案例

【正面案例】

某酒店为了节省成本，一直采购价格较低廉的某种洗衣液，但该洗衣液造成酒店排放的污水中磷浓度超标。于是该酒店的保洁处主管就此召集了相关人员进行讨论，最终该酒店老板决定更换洗衣液，并通知采购人员搜选不含磷的洗衣液，同时减少客房用品的清洗次数。例如，原来每天都对客人的床单被罩进行更换清洗，现在更改为入住 3 天以内的，在客人没有特殊要求的情况下，退房前不再更换，以减少清洗次数。

并将这一决定与客户进行沟通，这样不仅减少了洗衣液的使用，还节约用水。

【负面案例】

某美发沙龙为提高大家节约用水意识，店长组织有经验的洗头师傅要求保证给客人冲洗干净的同时如何洗能节约用水。洗头师傅们通过讨论，制定了详细的洗头作业标准，但是店长忘记把这个作业标准提供给未参与讨论的小李，也未对小李进行沟通。小李仍然凭自己的感觉认为给客人冲洗的时间越长就越干净，客人也越满意。结果他每次给客人洗头时，冲洗的时间远远超过了预期，造成了大量水资源浪费。

➡ 生活中运用案例

【正面案例】

A 家庭一直使用白炽灯照明。有一天老太太跳广场舞回来跟儿子说：“隔壁王阿姨家现在用的都是 LED 节能灯，每月可以节省好几度电呢！明天你下班路过超市时给咱家也买个 LED 节能灯，安装的型号你先确认一下。”儿子按照老太太的吩咐，第二天下班时买了家里能用的 LED 节能灯。安装好后，老太太特别开心！

【负面案例】

小明上学一直都是爷爷送，每天也都是爷爷帮忙拿书包。昨天爷爷不舒服，派爸爸去送小明，爸爸可以开车送小明，于是一路上小明和爸爸在车上聊得热火朝天。下车到了学校小明才发现没带书包。他爸爸认为他自己会拿，但是小明认为以前是爷爷拿，现在爸爸替爷爷去送他，自然书包也应该是爸爸拿。由于变更时信息交流不到位，所以为了回家取书包，昨天小明首次上学迟到了。

➡ 组织运行时常见失效点及可能的应对措施

常见失效点	可能的应对措施
由于人员太熟，重要信息也随意沟通，导致工作出现失误	对于重要信息，必须严格按照作业标准进行交流
由于职责不清，信息交流没传达到适宜的人员	对于重要职责要文件化，便于员工了解何类信息如何找到对应管理人员
与环境管理体系相关的变更信息没有得到及时沟通	组织应关注与环境管理体系变更的相关信息的交流，结合条款 8.1 中的变更管理联动管理，并对人员进行培训

➡ 最佳实践

借助互联网的发展，很多企业采用微信群的方式来提高内部沟通的敏捷度；用电子公文系统保证内部信息交流的一致性；通过建立监测系统和实验室质量管理体系，保证监测数据的真实性和可靠性。

➡ 管理工具包

标准化信息交流过程、沟通技巧培训、开展团队建设活动、电子公文系统。

19 外部信息交流

➡ ISO 14001：2015 条款原文

7.4.3　外部信息交流

组织应按其合规义务的要求及其建立的信息交流过程，就环境管理体系的相关信息进行外部信息交流。

➡ 条款解析

以下从六个方面解析本条款。

第一，组织的外部信息交流要求来自组织合规义务的要求。例如，按照法规要求，重点排污单位要定期向社会公布它的排污情况。这一点与条款 7.4.1 中“策划信息交流过程时组织必须考虑其合规义务”相呼应。组织在梳理组织有哪些外部信息交流要求时，应当结合条款 6.1.3 和 6.1.4 的输出。

第二，组织应当建立组织自身的信息交流过程（条款 7.4.1），包括外部信息交流过程，说明外部信息交流的内容、时机、对象和方式。

第三，组织应当考虑是否与外部相关方沟通它的环境因素及其环境影响。例如，与分销商、顾客等外部相关方沟通产品在运输、分销、使用以及废弃过程中的环境因素及其环境影响，与承包商、供应商沟通相关的环境要求等。

第四，相关方对于组织环境管理的总体印象既可能是正面的，也可能是负面的。组织应当重点关注相关方对组织环境管理的负面看法，不是关注一下就可以了，而是要做两个动作：①及时给出明确的回复；②事后要做分析。例如，一家化工厂遭到了周围居民对工厂散发出的恶臭气体的投诉。那么这个工厂至少应该做两个动作：①及时、明确地回复居民的投诉，表示歉意，解释是如何造成的，明确后续要做什么，承诺什么时候可以治理好；②对这些负面信息进行分析，寻求改进的机会。

第五，紧急情况下组织应当与受影响或者关心该紧急情况的环境影响的相关方进行沟通，一般会在应急准备与响应的过程中进行详细的规定。这里本条款应与条款 8.2 联动管理。关心环境事故的影响的相关方有股东、政府、媒体等；受环境事故影响的相关方有周围居民；邻近的工厂、单位，公用服务提供者等。

第六，组织也可以向外部相关方提供其环境绩效的相关信息，并且发表相关声明。

例如，以可持续发展报告、企业社会责任报告、企业宣传材料、媒体发布会等形式对外发布组织的环境绩效，并寻求外部机构的认可。

➡ 应用要点

组织在策划其外部信息交流时，应当依据其合规义务的要求进行。外部信息交流首先要满足合规义务的要求，这是底线。

组织没有必要专门针对外部信息交流建立信息交流过程，可结合条款 7.4.1 建立信息交流过程，而且外部信息交流过程可以与其他业务流程相结合，如变更管理、合规义务履行、培训等。

外部信息交流的内容可以包括组织的环境因素及其环境影响、合规义务的履行情况、环境绩效、体系运行和审核情况等。

➡ 本条款存在的管理价值

由于外部信息交流的要求来自法律法规的要求、相关方的要求或者组织自愿承诺，因此，外部信息交流要求对组织有强制性，这使外部信息交流对于组织满足合规义务要求非常重要，同时充分、适宜、有效的外部信息交流还能帮助组织树立负责任的、可以信赖的形象，提高环境信息等级，增强组织的竞争优势。

此外，外部信息交流还可以帮助组织与相关方保持合作、互惠、互谅的关系，为组织营造一个友好的、健康的、有利的生存和发展环境。

➡ ISO 14001：2004 条款内容

4.4.3　信息交流

组织应建立、实施并保持一个或多个程序，用于有关其环境因素和环境管理体系的：

a）组织内部各层次和职能间的信息交流；

b）与外部相关方联络的接收、形成文件和回应。

组织应决定是否就其重要环境因素与外界进行信息交流，并将决定形成文件。如决定进行外部交流，则应规定交流的方式并予以实施。

➡ 新旧版本差异分析

2004 版标准有关信息交流的条款只有 4.4.3，而在 2015 版标准则分化为了 3 个条款分别叙述，使外部信息交流的要求更为清晰和明确。

另外一个重大变化就是增加了外部信息交流应当依据其合规义务的要求进行，这也反映了2015版标准的重大变化——更加强调履行合规义务。

➡ 转版注意事项

转版时无须增加文件，但在转版培训时应强调外部信息交流要合乎合规义务；同时根据标准要求结合条款6.1.3和6.1.4的输出，梳理组织有哪些外部信息交流要求，确保没有遗漏。

➡ 制造业运用案例

【正面案例】

《中国石化上海石油化工股份有限公司2016企业社会责任报告》在《企业环境信息披露指数（2017中期综合报告）》评分在75分以上，让我们来看看它的报告是如何进行外部信息沟通的。

在报告的第二部分“2016年责任绩效表”里公布了经济、社会、安全、环境四大部分的绩效。环境绩效表如下图所示。

环境指标	单位	2016年	2015年	2014年
环保总投资	万元	17110	35670	34621
外排废水综合达标率	%	100	100	100
外排废气达标率	%	100	100	100
固废妥善处置率	%	100	100	100
COD排放量同比变化率	%	-6.18	-0.69	-26.07
氨氮排放量同比变化率	%	-6.17	0.98	-14.81
SO_2排放量同比变化率	%	-9.74	-4.08	-25.11
氮氧化物排放量同比变化率	%	-7.27	-9.63	-23.51
外排废水量同比变化率	%	-15.97	-4.00	-4.94
外排废气同比变化率	%	-2.88	-5.28	-6.35
重大化学品泄漏次数（量）	次	0	0	0
工业用水重复利用率	%	97.38	97.38	97.30
同比节水量（新鲜水耗）	万吨	224	75	361
污泥综合回收利用量	万吨	1.53	2.06	2.13

报告设立了“加强环境治理”“发展循环经济”“推动绿色发展”三个专章进行环境外部信息沟通。“加强环境治理”专章将推进污染减排重点项目建设（列举了烯烃开工锅炉脱硫脱硝改造项目）、研发和推广污染减排技术、健全公众开放日长效机制、积极参与区域环境治理和开展环保宣传培训活动的工作在报告中进行了图文并茂的展示。

"发展循环经济"主要汇报了废水回收再生利用、废气回收清洁生产、技术改造节材增效三个部分的工作，将产生的绩效用具体的数字进行量化。"推动绿色发展"讲述了该公司扎实推进节能降耗、积极开展碳排查、杭州湾潮间带生态监测和开展植树绿化活动。

【负面案例】

2017 年 5 月最新发布的《企业环境信息披露指数（2017 中期综合报告）》，在上海交易所筛选了 16 个行业的 170 家上市公司作为样本，对其 2015 年业绩报告、社会责任报告、环境报告书等进行了分析。综合环保目标、环境治理、企业减排等多项指标，再以百分制换算，火电、煤炭行业的环境信息披露指数均处及格线以下，石化行业不足 70 分。企业更愿披露自身的环境政策、环保愿景，及环保设施投资建设情况，但对合作对象的环保要求、碳减排等具体指标涉及较少。

例如，在某煤炭上市公司的披露中，仅用"认真实施节能减排""从源头抓起，以点带面"等模糊字样阐述了重点污染物减排工作，但应对措施、资金投入、减排量等关键指标，却并未显现。

➡ 服务业运用案例

【正面案例】

园林局向树木喷洒农药，提前两周向相关的居民通知，告知居民届时记住关窗以及其他注意事项。

【负面案例】

市政局要进行道路开挖，会造成粉尘飞扬，但是没有通知任何人，也没有做道路预警，导致开挖时空气粉尘剧增、交通堵塞，市民怨声载道。

➡ 生活中运用案例

【正面案例】

装修前，小明家向邻居告知了装修的可能时间以及带来的干扰，并向邻居表示歉意，邻居表示理解。在实际装修时达成了互谅，使装修顺利进行和完成。

【负面案例】

装修前，小红家没有提前告知邻居就直接开始装修，引发邻居的不满意，产生了冲突，导致停工。

➡ 组织运行时常见失效点及可能的应对措施

常见失效点	可能的应对措施
与外部信息交流有关的合规义务要求识别不全面	结合条款4.2和6.1.3确定外部信息交流的合规义务要求
外部信息交流方式不规范或者不适宜	组织明确自身外部信息交流的过程和方式，以及披露信息的完整性和准确性的策划
只交流未保留记录	组织制定相应制度，要求保留文件化信息

➡ 最佳实践

某企业环境绩效信息通过环境年报披露，包括以下几个部分。

（1）公司的基本情况

此部分根据公司的具体情况来评价公司的环境业绩，内容主要包括公司的经营范围、生产经营活动对自然环境影响、过往环境业绩。

（2）环境政策

内容：环境政策的合规性、使用范围和领导层支持情况；

目标：按年度设定的各项环境活动的具体目标值，通常配有量化指标。

实施计划：环境监管部门的设置；技术、组织、经济的可行性；是否得到必要的技术帮助；时间表；出现的环境问题及时地进行处理和修正。

（3）环境法规执行情况

主要介绍企业执行环境法规的结果、成绩和未能执行的原因。

（4）环境治理情况

污染治理投资、污染治理情况、环境管理体系情况、污染物回收利用情况。

（5）环境质量情况

污染物排放情况、主要环境质量达标的达标率、污染事故情况、环境资源消耗量、有毒有害材料物品的使用和保管情况。

➡ 管理工具包

环境年报、排污许可证信息公布、重点排污单位环境信息公布、标杆管理。

20 文件化信息

ISO 14001：2015 条款原文

7.5　文件化信息

7.5.1　总则

组织的环境管理体系应包括：

a）本标准要求的文件化信息；

b）组织确定的实现环境管理体系有效性所必需的文件化信息。

注：不同组织的环境管理体系文件化信息的复杂程度可能不同，取决于：

——组织的规模及其活动、过程、产品和服务的类型；

——证明履行其合规义务的需要；

——过程的复杂性及其相互作用；

——在组织控制下工作的人员的能力。

条款解析

首先我们厘清几个概念。

2015 版标准提出了一个新的概念——文件化信息。那么，文件化信息与文件有什么区别呢？

文件是信息及其载体；而文件化信息是组织需要控制并保持的信息以及承载信息的载体。虽然出现了文件化信息这个新的术语，但是标准并不要求组织一定要使用文件化信息这个术语，而是根据组织自身的需要选择。例如，仍然可以使用文件、记录这些术语。

建立文件化信息是所有管理体系的要求，即所谓的应当是“皇帝诏曰”，而不是“圣上口谕”。文件化能够帮助组织内部对体系运行准则的理解一致，避免出现歧义；同时文件化信息也增加了体系管理的严肃性，使体系运行经验可传承和可追溯，为体系持续改进提供反馈和机会。

这里需要强调的是，标准要求建立的是“文件化的环境管理体系”，而不是“体系的文件化”。文件化信息是为了体系运行的有效性和持续改进服务，而不是为了文件化而文件化，走向过度文件化的极端。因此，在建立文件化信息时，要时时以有效性为考量准则，避免创造过多的文件。

环境管理体系文件包括两个层次：本标准要求建立的文件或记录，和组织根据自身管理需要编制的文件。

标准要求的文件化信息，是组织的必选动作，也是文件化的最低要求。2015 版标准对需要文件化的信息做出了明确的说明，标准中提到的“保留文件化信息作为……的证据”来表示记录，“保持文件化信息”来表示记录以外的文件。这是组织的必选动作，也是文件化的最低要求。

除此之外，标准没有明确要求保留或保持的文件化信息，则由组织根据自身情境来决定，组织享有较大的自由度。因此，实现环境管理体系有效性所必需的文件化信息，这是组织的自选动作。

本条款对“一个组织到底需要多少文件化信息”给出了指导，体现了“基于组织情境”的原则。这一条款的注释部分提示组织环境管理体系文件化信息的数量以及详细程度因组织情境不同而不同。组织的规模大、业务复杂程度高，通常文件化信息的复杂程度和详细程度也高。除此之外，文件化信息的复杂程度和详细程度与人员的能力、人员流失率等也有密切的关系。例如，一个组织的业务比较复杂，但是如果人员精简、稳定、能力适宜，那么作业指导书就不必要过于复杂，甚至不必要设立作业指导书。

因此，文件化信息的复杂程度和详细程度以适宜组织运行环境管理体系为准。文件是简还是繁，颗粒度需要细化到什么程度，衡量尺度在于组织类型的规模、过程的复杂性和相互作用、产品和活动复杂性、适用的法律法规要求、员工的能力等，并没有一定的标准。组织是需要周密翔实的文件体系，还是只要精练简洁的文件体系，取决于组织自身情况、管理水平、组织成熟度、合规义务等内外部因素。

但是为了有效管理关键过程或者活动，组织应当将关键过程或者活动文件化。所谓关键过程或者活动是指与组织需要应对的风险和机遇、重要环境因素、合规义务等有关的过程或者活动。

此外，组织在创建环境管理体系文件时，不要盲目追求文件数量而制定大量无用的文件、表格，应当尽量整合、精简体系文件。如果组织其他的管理体系可以融合环境管理体系的要求，那么就没有必要单独设立环境管理体系文件。例如，组织运行的三个管理体系均有合规性评价的要求，建立一个合规性评价程序就可以了，没有必要一个体系一个程序。

也不要因事创建体系文件。例如，巧克力生产企业生产牛奶巧克力和黑巧克力，虽然产品不同，但是工艺相同，只是原材料配比不一样，那么就没必要针对每一种产品评价重要环境因素，而是针对同一类产品进行评价就可以了。

如果组织决定对某个过程或者活动不进行文件化，那么组织应当让在组织控制下受影响的人员获知过程或者活动的要求，必要的时候通过信息交流、培训等。

➡ 应用要点

2015 版标准相较于 2004 版标准而言，在文件化方面赋予了组织更多的弹性和灵活度，文件可以有多种表现形式，不再提出“形成文件的程序”等硬性规定要求，提高了管理的敏捷度。但这并不意味着环境管理体系对文件和记录的要求放松了，而只是用“文件化信息”取代了 2004 版标准中“文件”和“记录”的表述而已。

文件化信息是一个抽象概念，标准本身并未规定体系文件的结构是什么样的，组织应依据自身的规模和环境管理工作的复杂程度来确定。在进行文件编写的时候，首先确定体系文件的结构，即体系文件是如何设置的，它们之间的层次和相互关系是怎样的。组织从方便管理出发，可以进行分类、分层、自定名称。总之，只要有效、方便就行。

因此，虽然 2015 版标准不强制组织必须编写环境手册和程序文件，但保留这些形式的文件可能对体系的运行更有益。

➡ 本条款存在的管理价值

在环境管理体系中，文件形成本身并不是目的，编制和使用文件应是一项具有动态特征的增值性活动。本条款对“组织到底需要多少文件化信息”给出了指导，管理文件以适宜为最好，并且提出文件应随体系运行环境的变化而变化，需要履行合规义务，始终保持有效、持续改善环境绩效。

➡ ISO 14001：2004 条款内容

4.4.4 文件

环境管理体系文件应包括：

a）环境方针、目标和指标；

b）对环境管理体系的覆盖范围的描述；

c）对环境管理体系主要要素及其相互作用的描述，以及相关文件的查询途径；

d）本标准要求的文件，包括记录；

e）组织为确保对涉及重要环境因素的过程进行有效策划、运行和控制所需的文件和记录。

新旧版本差异分析

2015 版标准用“文件化信息”取代了2004 版标准中“文件”和“记录”的表述，以“保持”文件化信息的形式表示 2004 版标准中的“文件”，以“保留”文件化信息的形式加以表示 2004 版标准中的“记录”。

2015 版标准不强制组织必须编写管理文件，有些工作只要保留记录就可以，但组织应当确定需保留的文件化信息、保留期限以及保留的媒介。

2015 版标准中关于文件化信息的要求有多处：

1）多处“保持”（条款 4.3、5.2、6.1.1、6.1.2、6.2.1、8.1、8.2 等）。

2）4 处“保留”（条款 9.1.2、9.2.2、9.3、10.2）。

3）3 处“适当地保留”（条款 7.2、7.4.1、9.1.1）。

转版注意事项

转版时不需要做文件增加或者重大的修改，但应注意以下两点。

1）评审文件的详略程度是否与组织自身的情况相适应。

2015 版标准适用于不同的组织，形成文件的数量和详略程度取决于组织自身的实际情况。体系文件不是越多越好，组织需要有效的策划、量身定制；但也不意味着体系文件越少越好，凡是能对环境管理体系的运行起到增值作用并且可以证明其满足合规义务的，组织还是需要编写的。

体系文件对于组织，犹如衣服对于人。衣服要想合身还需要按照身材进行定制，体系文件也应该是组织根据自己的运行状态自我量身定制，照搬别的组织的文件绝对不可取。即便是自己组织制作的文件也要实施动态管理，在实施过程应实时更新，确保持续适宜性、有效性。

2）在转版时难免会考虑根据 2015 版标准增加新的文件，但一定要考虑新增文件的必要性，不要因事设立体系文件，要尽量与现有体系文件结合。

制造业运用案例

【正面案例】

某化工企业对生产线各关键过程均制定了作业指导书，细化制定了操作人员的防护要求，对化学品泄漏制定了应急预案，并定期开展培训及组织应急演练。

【负面案例】

某民营企业在接受第三方 EHS 审核时，提供的生产部环境因素识别清单里没有材料消耗这一环境因素。经询问，得知是环安部根据自己的经验自行制定了环境因素识别表，根本没有经过所有部门的系统策划和编制。

服务业运用案例

【正面案例】

某餐馆位居居民密集区，因此，餐馆的油烟排放一旦超标就会引发周边居民投诉，造成城管上门检查、影响营业。所以，餐馆经理制定了详细的油烟处理装置运行和维护作业指导书，规定每三个月请第三方来清洗油烟处理装置，随后监测油烟排放浓度，确保油烟排放浓度始终达标。

【负面案例】

某快捷酒店使用含磷的洗衣液清洗床单，经过监测发现，快捷酒店污水排放口磷的浓度超标。酒店决定今后采购不含磷的洗衣液，但只是口头和采购经理说了一下，没有修改采购标准。某采购人员采购洗衣液时，仍按照之前的标准采购了大量含磷洗衣液，仍然造成了污水超标排放，这时才发现洗衣液采购错了。

生活中运用案例

【正面案例】

某医院在每个垃圾收集点都张贴了详细的垃圾分类，医疗垃圾箱采用印有“医疗垃圾”的黄色医疗垃圾箱，而其他非医疗垃圾箱则采用印有“一般垃圾”的蓝色垃圾箱，避免医疗垃圾与一般垃圾混放，降低了危险废物处理费用。

【负面案例】

社区里根据距离定点配置了两个一组的公共垃圾桶，计划分别用于“可回收”和“不可回收”各一个。但由于每一个桶上面没有任何标识也没有进行颜色管理，导致居民不易分辨，胡乱倒垃圾。

组织运行时常见失效点及可能的应对措施

常见失效点	可能的应对措施
文件归属部门不明确	文件应当由业务职责归口的主办部门组织编写。遇到无职责归属的盲区时，注意应首先确定职责的分配

续表

常见失效点	可能的应对措施
文件内容交叉，权责冲突	1）编写文件前，需要首先确定内容的覆盖范围，然后需确认是否有关联文件已作出规定，避免对同一事项不同处置。 2）范围确定后，梳理出关联的部门，然后分配各自的职责，明确主导与协作关系，避免职责交叉
内容分散，同一事项分散在不同文件中规定	1）应运用“过程方法”的思维，避免同一范畴的事项分散到多个文件中零散规定，应集中在一个文件下完整表述，保持连贯性。 2）理顺流程之间接口关系，确定主营业务流程，检查该流程文件对其他流程提出的协作要求，然后与相应流程文件进行核对，发现不一致时进行协调处理
描述笼统，文件对实践的指导性不强	一线人员适当参与文件编写和评审，确保文件与实践紧密结合
文件之间的联动关系出现缺失，A文件的“相关文件”B文件中完全没有提到与A文件有关的内容	在文件修改完成之后进行文件穿行实验，确保文件之间的联动关系是存在的、必要的

➡ 最佳实践

为促进环境管理体系文件统一协调，达到规范化标准化要求，组织就文件的结构、编号、内容和展示格式作出规定，使模版一致，体现体系文件的一致性和严肃性。

➡ 管理工具包

思维导图、金字塔原理、矩阵表、架构图、过程图。

21 创建和更新

➡ ISO 14001：2015 条款原文

7.5.2　创建和更新

创建和更新文件化信息时，组织应确保适当的：

a）标识和说明（如标题、日期、作者或参考文件编号）；

b）形式（如语言文字、软件版本、图表）和载体（如纸质的、电子的）；

c）评审和批准，以确保适宜性和充分性。

➡ 条款解析

本条款明确了创建和更新文件化信息的要求，为组织制定和动态管理环境管理体系文件提供了依据，是体系管理人员应当关注的重点。文件化信息意味着不可随意修改、不可含糊其辞、不可模棱两可。如果没有这个条款，环境管理体系文件的严肃性和权威性都无从谈起。

创建和更新环境管理体系文件时，必须考虑以下 3 个要素。

1）标识和说明。文件化信息在创建时就应该考虑其标识和说明的准确和一致性。增加标识和说明的初衷就是为了便于使用者检索和使用，理解与其他文件化信息的关联性。例如，组织可以对文件标题、编写和发布日期、版本号、作者、文件标号、文件创建和更新历史等做出规定，确保文件的唯一性、可识别性、文件历史的可追溯性、有效性。这里要特别注意一点，用清晰、醒目的标识说明文件是否为受控版本，避免给使用文件的人造成困扰。同时文件的审核痕迹、签发流转痕迹要清晰，体现文件的评审和批准历史痕迹。

2）形式和载体。文件化信息的形式优先顺序为图片、表格、文字。任何形式的载体都是传递标准的一种表现形式。文件化信息的形式随着时代的改变，应该更多元化。为了更易于使用者理解、管理，除了文字、图表等，还可以用电子文档、软件等载体。

发布的电子文件软件版本应当是适宜的，方便电子传输、阅览者打开和阅读。

对于规模较大、分支机构较多的组织，可以将电子文件作为受控版本，节约文件分发和更新的成本，提升文件分发和更新的效率，也便于文件处于受控状态。

3）评审和批准，以确保适宜性和充分性。评审含评审人的能力、评审的维度以及评审意见的处理。写文件本身是一个技术活，作者本身的能力和态度，以及写文件之前的调查研究、收集资料的过程都会影响文件的质量和有效性。评审过程适宜性体现在评审人的能力、评审层级、维度等，都应当是适合组织情境的。环境管理体系手册和作业指导书的评审人、评审级别是不同的。

批准过程的严肃性、适宜性、充分性决定了体系文件在组织中的影响力。

由于环境管理体系运行的有效性是动态的，因此，体系文件不是创建完成之后就一劳永逸了，而是要定期审阅、更新和完善。

➡ 应用要点

在创建文件化信息时注意将其“身份信息”（即标识和说明等，尤其是受控状态）进行标记，清晰地表现出该载体的“身份状态”。组织可以对标识和说明有统一的编制规范。

一个文件更新时，要相应地更新其相关文件。

评审和批准的过程和人员要与文件的重要程度、专业程度、繁复程度相适应。

➡ 本条款存在的管理价值

本条款实际上规定了文件化信息的形式和仪式感，这给环境管理体系带来了严肃性和权威性。文件化信息的统一形式和评审批准发布的仪式感，给所有使用文件的人一个信息：体系文件意味着不可随意修改、不可含糊其辞、不可模棱两可。如果没有这个条款，环境管理体系文件的严肃性和权威性都无从谈起。

➡ ISO 14001：2004 条款内容

4.4.5　文件控制

应对本标准和环境管理体系所要求的文件进行控制。记录是一种特殊类型的文件，应按照4.5.4的要求进行控制。

组织应建立、实施并保持一个或多个程序，以规定：

a）在文件发布前进行审批，确保其充分性和适宜性；

b）必要时对文件进行评审和更新，并重新审批；

c）确保对文件的更改和现行修订状态作出标识；

d）确保在使用处能得到适用文件的有关版本；

e）确保文件字迹清楚，易于识别；

f）确保对策划和运行环境管理体系所需的外来文件作出标识，并对其发放予以控制；

g）防止对过期文件的非预期使用。如需将其保留，要作出适当标识。

4.5.4　记录控制

组织应根据需要建立并保持必要的记录，用来证实对环境管理体系和本标准要求的符合，以及所实现的结果。

组织应建立、实施并保持一个或多个程序，用于记录的标识、存放、保护、检索、留存和处置。

环境记录应字迹清楚，标识明确，并具有可追溯性。

➡ 新旧版本差异分析

新旧标准中对创建和更新的要求一致，没有本质的变化，都是要求形成文件化信息时，保持信息传递的严谨性、有效性。区别体现在2015版标准中传递标准信息的载体更加多样化，不拘泥于纸质文件，更强调文件化信息传递的有效性。对文件化信息控制方面也更加强调评审和审批。

➡ 转版注意事项

转版时不需要对现有文件进行修改。

➡ 制造业运用案例

【正面案例】

某企业在建立体系初期一直使用纸质文件，不但占据空间，还不易于查找。由于公司业务范围较广，文件更新频繁，每次更新文件时修改、审批、重新发布等手续更为烦琐。在升版至ISO 14001：2015时，根据公司IT硬件设施的提升，对以往的纸质文档电子化，不但易于检索、查询，也在空间节省、更新审批上更为优化。

【负面案例】

某企业在编制文件初期未考虑其文件编写、发布的规范性，各部门在使用、增加体系管理文件时，没有经过适宜的审批过程，导致各部门内部均有多种发布的体系文件，而其他部门对此文件的发布却一无所知。当真正使用该文件时，各部门质疑此文件的适用性和权威性，部门间争议不断。

➡ 服务业运用案例

【正面案例】

某品牌汽车4S店根据现场标准作业化图示来表达文件化信息，这样的行为使员工清晰地了解维保时各类废弃物应如何处置。

【负面案例】

某酒店在日常清洁管理中，由于清洁人员变动较大，培训时作业指导书存档在管理层的文件柜中，现场又未进行明确的标识说明，导致员工在日常操作中经常错误使用抹布、清洁工具等，使客户投诉较多，对酒店造成负面影响。

➡ 生活中运用案例

【正面案例】

一个家庭为了保护环境，决定进行垃圾分类，并制定了一个简要的垃圾分类原则，由儿子制成了漫画张贴在家里的垃圾桶旁边，使每个家庭成员都能轻松地进行垃圾分类。

【负面案例】

家庭购买了很多进口的清洁产品，上面没有中文使用说明，某个洗洁精含磷，结果造成含磷污水排入下水管道。

➡ 组织运行时常见失效点及可能的应对措施

常见失效点	可能的应对措施
更新文件化信息时未标注清晰的说明字样，从而无法确定生效日期或修改日期，导致变更无法识别和追溯	建立明确要求，对更新的文件要经过评审并受控
文件化信息在创建时无明显标识，未能清晰注明其状态，造成误用	创建文件化信息后就应建立统一的执行要求，确保文件化信息正确发布
只对单一文件评审，不考虑相关联文件的影响	每次文件化信息的要求都要进行风险的判定，确保系统完整性

➡ 最佳实践

组织使用先进的电子公文系统创建和更新文件化信息，确保了文件化信息的受控状态一目了然，而且永远也不会丢失，使组织的管理经验可传承、可追溯。

➡ 管理工具包

电子公文系统，乌龟图，5W2H，利用 Excel、VISO 、SIPOC 等方法来创建和更新文件。

22 文件化信息控制

➡ ISO 14001：2015 条款原文

7.5.3　文件化信息控制

环境管理体系及本标准要求的文件化信息应予以控制，以确保其：

a）在需要的时间和场所均可获得并适用；

b）得到充分的保护（如防止失密、不当使用或完整性受损）。

为了控制文件化信息，组织应进行以下适用的活动：

——分发、访问、检索和使用；

——存储和保护，包括保持易读性；

——变更的控制（如版本控制）；

——保留和处置。

组织应识别其确定的环境管理体系策划和运行所需的来自外部的文件化信息，适当时应对其予以控制。

注："访问"可能指仅允许查阅文件化信息的决定，或可能指允许并授权查阅和更改文件化信息的决定。

➡ 条款解析

文件化信息可以用来传递信息、提供符合性证据，或经验传承、知识共享。文件化信息的形式通常是书面和电子两种，书面的形式较为常见，即所谓的"白纸黑字"，不受设施的限制。随着管理的进步，无纸化办公、文件化信息网络化管理是必然趋势。

控制文件化信息有两个目的：

第一，确保文件化信息在正确的时机和场合被使用，使文件化信息真正地、正确地发挥作用，达成环境管理体系策划的预期结果，即充分、适宜的可获得性，以及不被滥用。组织可采取的措施包括分发、访问、检索和使用。

第二，确保文件化信息被妥善地保护，满足保密性、保留符合性记录等组织在信息交流方面的需求，即完整性、不灭失、不泄密。组织可采取的措施包括存储和保护、变更的控制、保留和处置等。

另外需要注意的是，在描述文件化信息的控制时提到"适用时"，指的是可行时和可操作时。

➡ 应用要点

为确保文件化信息在使用过程中受控，组织应规定 ISO 14001 文件化信息的职责、范围、内容、方法等要求，确保文件得到充分的保护，防止泄密、误用、残损等。应用的重点在于：

1）发放管理。应按其应用范围和保密等级事先确定发放范围，凡是对 ISO 14001 环境管理体系有效运行起重要作用的场所都应得到现行有效版本。文件化信息要有诸如编号、版本、发行标识等受控标记。

文件化信息发放可以设专人负责，做好发放与回收的记录。组织可采用在线电子文件分发系统，保证员工在任何时间、任何地点，只要有可以联网的计算机或者智能手机，就可以访问文件化信息，可以非常方便地检索到自己需要使用的文件。

如果有必要，失效的纸质文件化信息应统一收回销毁；电子版文件化信息则可采用强制要求更新客户端或者软件的方式，保证其受控。

2）使用与更改。受控文件化信息应标识清楚、妥善保存，不被滥用。为确保文件化信息的持续适宜性，应定期对其进行评审，规定评审的周期。经评审如存在不适用的情况，应予以修订，并应经被授权人就修订内容的适宜性、变更的系统完整性进行批准，以确认其适宜性。

对于变更的文件，在变更中、变更后要在文件中明确地表明版本号和状态。例如，文件化信息在修改当中，在电子文件版本中插入“草案”的水印，避免其他人错误地使用文件化信息。在文件化信息修订评审、正式批准后，要通过群发邮件、电子公文系统等通知所有相关人员文件的更新内容、更新后的文件化信息生效的时间，以及获取新的文件化信息的途径。

3）储存和防护。信息的丧失往往是由于信息载体的消失或者不可用造成的。“阅后即焚”就是典型的通过消灭信息载体导致信息丢失的手段。因此，预防文件化信息丢失的有效途径是保护好信息载体。例如，对于电子信息，组织应当以在多台计算机或者服务器上做备份的方式保存信息，避免信息因计算机或者服务器的崩溃或者损坏而丢失。

对于纸质版文件化信息应妥善保存，确保字迹清晰可辨识，文本完整。

文件化信息中的记录有两种保留的情形。作为组织符合性证据、载有重要环境信息的记录，组织应当尽可能永久地保留这些记录。例如，组织对建厂前场地土壤污染情况的监测报告是场地环境状况的基准线，应当永久保留。对于一些重要性不高、更新频率比较高的记录，则不需要永久保留。例如，年度环境突发事件应急演习记录一般保留最近 3 ~5 年的即可。

4）检索与访问。要易于查找，便于使用。为了对某些文件化信息保密，组织可以设定某些文件的访问权限，没有授权的员工就不能访问这些文件，防止泄密。访问的权限指文件化信息的查阅和（或）变更权限。

5）失效与处置。对已经失效或作废的文件，应及时从所有发放或使用场所撤回，或采取其他措施防止误用，如加盖作废标识、单独存放或经授权予以销毁等。对由于法律法规要求保留和（或）为保留资料的需要而保存的已失效的文件化信息，则予以适当标识，电子文件化信息还可设置访问权限，防止误用。

6）来自外部的文件化信息的管理。应根据组织的需要识别哪些来自外部的文件化信息是环境管理体系策划和运行所需的，可建立合适的渠道和路径，以便及时收集到来自外部的文件化信息。但并不是所有来自外部的文件化信息均需要控制，组织可自行决定。

➡ 本条款存在的管理价值

组织为什么会形成文件化信息？是为了确保关键业务流程始终按照一定的作业标准被执行，以达到组织的预期结果。因此，文件化信息控制的意义在于确保正确的文件在正确的场合和时机被正确地使用，从而确保了关键业务流程被正确执行。如果文件化信息失控，就可能被非预期使用，导致关键业务流程失控，会给组织带来严重的后果。本条款对组织如何进行文件化信息控制提出了明确的方向性指引，给出了适用于各种文件化信息的控制方法。组织可以依据这些方法和要求落实实际工作，发挥出文件化信息应有的作用。

➡ ISO 14001：2004 条款内容

4.4.5　文件控制

应对本标准和环境管理体系所要求的文件进行控制。记录是一种特殊类型的文件，应依据 4.5.4 的要求进行控制。

组织应建立、实施并保持一个或多个程序，以规定：

a）在文件发布前进行审批，确保其充分性和适宜性；

b）必要时对文件进行评审和更新，并重新审批；

c）确保对文件的更改和现行修订状态作出标识；

d）确保在使用处能得到适用文件的有关版本；

e）确保文件字迹清楚，易于识别；

f）确保对策划和运行环境管理体系所需的外来文件作出标识，并对其发放予以控制；

g）防止对过期文件的非预期使用。如需将其保留，要作出适当的标识。

4.5.4 记录控制

组织应根据需要，建立并保持必要的记录，用来证实对环境管理体系及本标准要求的符合，以及所实现的结果。

组织应建立、实施并保持一个或多个程序，用于记录的标识、存放、保护、检索、留存和处置。

环境记录应字迹清楚，标识明确，并具有可追溯性。

➡ 新旧版本差异分析

2004 版标准对文件化信息的控制包括两方面：一是文件化信息本身的控制（适宜性和充分性），二是文件化信息使用的控制（保管、分发、回收、销毁）。2015 版标准把文件化信息的控制（条款 7.5.2）和文件化信息使用的控制（条款 7.5.3）分开了。相较于 2004 版标准，2015 版标准对文件化信息的控制要求实际上更加细化、更加严格。

另外，2015 版标准新增了对文件化信息“访问”的控制要求。这个访问，包括获得文件化信息的权限和文件化信息的保密要求。其中，文件化信息的保密要求是新增要求。密级文件化信息的访问、复制、修订，都应有一整套严格的控制措施。

➡ 转版注意事项

转版时不需要做较大变动，保持原运行状态即可。注意，需要对文件化信息的保密要求加以明确，尤其是电子文件的安全防护问题，防止文件流失、泄密。

➡ 制造业运用案例

【正面案例】

某制造业企业设有危险化学品储存仓库，仓库现场每一种危险化学品的储存位置都有明确、清晰的标识，并在存储位置、仓库出库口以及仓库管理部办公室都保存所有储存的危险化学品的化学品安全技术说明书，全部用塑料袋封装，标识清晰、放置规整，所以现场索取便捷，且字体清晰。

【负面案例】

某公司冲压车间环境混乱，5S 管理做得非常不到位。就连作业指导书也是随意扔在设备旁，不仅皱褶而且字迹已经模糊不清的。

➡ 服务业运用案例

【正面案例】

某航空公司为了减少二氧化碳排放，为飞行员制定了节油驾驶作业指导书，并将该指导书的内容导入电子驾驶系统，在安全驾驶的前提下系统会自动提示飞行员进行节油驾驶操作，保证了作业指导书的易用性。

【负面案例】

某星级酒店采用燃气锅炉进行热水供应。为了减少天然气消耗，酒店制定了燃气锅炉作业指导书，但是作业指导书并没有分发到锅炉操作工手上，使该作业指导书没有落实下去。

➡ 生活中运用案例

【正面案例】

某顾客想购买一台环保节能冰箱，不仅减少电力消耗，省电费，还可以拿到政府的补贴。该顾客到了电器卖场，所有的冰箱门上都贴有国家认证的节能等级标识，可以很清晰地看出每台冰箱的节能等级，顾客很快就选择到了自己满意的冰箱，如愿拿到了政府的节能电器补贴。

【负面案例】

某家庭有一台轿车代步用。爸爸常常驾驶汽车上班，对如何节油有很多心得。爸爸要出差一个月，离开前把节油窍门写成一张纸交给了妈妈。但是妈妈把这张纸弄丢了，又不好意思问爸爸。一个月后爸爸回来，发现这一个月的百公里油耗比上个月多了 10% 。

➡ 组织运行时常见失效点及可能的应对措施

常见失效点	可能的应对措施
文件化信息没有得到妥善保护	对于书面文件实行专人专地保管，建立目录索引；对于电子文件，应做好备份；建立密级管理，防止泄密
在需要使用文件之时和之处不能获得适用的文件	应按其应用范围和保密等级，事先确定发放范围，并建立文件补发流程

续表

常见失效点	可能的应对措施
没有适当识别和控制，确保环境管理体系有效运行所需的外来文件	梳理相关方以及组织面临的风险和机遇的要求，对可能与企业所处的环境、环境因素和重要环境因素、合规义务、产品和活动等有关的法律法规和相关方要求进行识别和获取、保存和转化、引用和更新、并进行版本控制

最佳实践

使用电子化的文档管理系统，对文件化信息进行输入、审批、存档、处置等文件全生命周期的管控，规避人为方面的疏失概率。

管理工具包

文档管理系统、OA 办公自动化系统、电子签名等。

23 运行策划和控制

ISO 14001：2015 条款原文

8.1　运行策划和控制

组织应建立、实施、控制并保持满足环境管理体系要求以及实施6.1和6.2所识别的措施所需的过程，通过：

——建立过程的运行准则；

——按照运行准则实施过程控制。

注：控制可包括工程控制和程序。控制可按层级（如消除、替代、管理）实施，并可单独使用或结合使用。

组织应对计划内的变更进行控制，并对非预期性变更的后果予以评审。必要时，应采取措施降低任何不利影响。

组织应确保对外包过程实施控制或施加影响。应在环境管理体系内规定对这些过程实施控制或施加影响的类型与程度。

从生命周期观点出发，组织应：

a）适当时，制定控制措施，确保在产品或服务设计和开发过程中，考虑其生命周期的每一阶段；

b）适当时，确定产品和服务采购的环境要求；

c）与外部供方（包括合同方）沟通组织的相关环境要求；

d）考虑提供与产品或服务的运输或交付、使用、寿命结束后处理和最终处置相关的潜在重大环境影响的信息的需求。

组织应保持必要的文件化信息，以确信过程已按策划得到实施。

条款解析

首先，我们要明确需要建立、实施、控制并保持的过程包括哪些：①满足管理体系要求的过程，可以简单地理解为运行过程，支持过程，管理过程；②标准中条款6.1和6.2所识别的措施，包括重要环境因素、合规义务、识别的风险和机遇，以及实现环境目标这四个方面。

其次，针对上述识别的过程建立运行的准则，并按照运行准则实施过程控制。控制措施多种多样，组织既可以采取单一的控制措施，也可以采取复合的控制措施。组织可以采取的措施包括对过程建立管理程序、工程控制措施、任用能胜任的员工、严格遵守和实施作业规程、监测、测量过程等。

在确定控制措施时，组织应当按照控制措施优先层级依次考虑消除、替代、工程控制措施、管理控制措施。例如，消除措施的例子是禁止使用多氯联苯、氟利昂，用水性涂料替代油性涂料是替代措施，而隔声降噪措施是工程控制措施，监测测量是管理控制措施的一种。

同时，组织对于计划内的变更也要实施控制，可采取 PDCA 的方式去评估变更带来的风险和影响、方案的可行性、执行的效果、持续改进等。此外，组织还应评审非预期变更的后果，必要时采取措施降低其不利影响。计划内的变更可能包括新的产品、活动或者服务，新的研发或者建设项目。非预期内的变更可能有：法律法规的修订、外部环境状况的变化、新的科学技术的出现等。

最后，标准不但要求组织自己要做好，对于外包过程也要进行管理或者施加影响，因为这是构成产品或服务的一部分，不能通过外包过程转移环境风险。组织应当在环境管理体系内规定对外包过程影响的类型和程度，确保对外包过程实施控制或施加影响。例如，一个化工厂将自己的污水处理车间交给一家专业环保企业运营，那么化工厂对这个承包商在厂区内的作业活动产生的环境影响能够直接控制；如果化工厂是将自己的污水交给厂区外的污水处理厂处理，化工厂对作业的环境影响控制力就非常有限了。

另外，标准中增加了一个概念——生命周期观点，是条款 6.1.2 的延续。正如 6.1.2 的条款解析中所阐述的，生命周期观点并不是强制要求生命周期分析或者评价，它是推荐组织从产品或服务的设计开发开始，到后续交付、使用、最终处置等各个环节的策划中运用生命周期的方法去识别重要环境因素或潜在的重大环境影响，并将这些控制措施落实到实际管理中。

组织越早考虑生命周期观点，在生命周期各个阶段减少其负面环境影响的空间、机会就越大。例如，家用电器在使用环节和废弃环节的环境影响远远大于生产、运输环节，因此，家用电器生产制造商如果能尽早在设计阶段、原材料采购环节考虑生命周期观点，就能够采取更节能的设计、采用可回收利用的材料制造家电，并且与外部供方沟通组织的环境要求，从而有很大空间降低家用电器在使用环节和废弃环节对环境的不利影响。如果在设计阶段、原材料采购阶段没有考虑生命周期观点，那么想要减轻其产品在整个生命周期内的环境影响，就没有这么大施展的空间。除此之外，家电生产商还可以在产品说明书、公司网站为顾客、废弃物处理商提供降低环境影响的建议和指导。

在以上的环境管理行为中，为了确保有效性，组织需要保持一定程度的文件化信息（必要的文件和必要的记录），以让所有相关方确信所有的管理要求已经被执行。

➡ 应用要点

运行控制是环境管理体系中实施与运行最实际也是最重要的工作之一，其控制的对象是与环境目标、指标、重要环境因素、合规义务和应对风险和机遇相关的，可能包括产品和服务的设计和开发、制造工艺的选择、原材料的采购、生产过程、设备维护保养、产品的运输或使用，以及回收处置等各种管理活动中，目的是使这些活动在规定的条件下进行。所以组织需要对这些活动进行策划，制定运行控制程序、规定控制要求，按照要求执行。那这些运行控制活动相关的程序是否都需要形成文件呢？如果组织没有制定文件化要求的程序，这些活动也能够达到预期的效果，那么可以不需要。如果组织因为没有形成文件而且出现偏离方针、目标、指标的情况，那么就需要针对这些运行活动制定文件化的程序。

在运行过程中不可避免地会出现变更。变更分为计划内和计划外两种情况：计划内的变更是指企业根据自身的发展情况主动进行一些变更，如产能的增加、厂房的扩建、新项目的投产等；计划外的变更可以是外部非预期的变化，如法律法规、客户要求的变化引起的变更。企业在进行变更时除了要对变更后的效果进行确认，还要对变更后可能引发的新的环境影响进行评审，必要时采取措施进行控制。

关于采取的措施可以有消除、替代、工程措施和管理控制措施，来降低对环境的影响。以消除为例，在冰箱生产行业全面禁止氟利昂，这就相当于全面禁止了氟利昂的影响，从而消除了氟利昂气体的排放，避免了其对环境的影响。再举一个替代的例子，在印刷行业用水性油墨来替代油性油墨，就是减少了油性油墨的使用，从而降低了环境的影响。那什么叫工程措施呢？例如，在一个高噪声的车间，采用的隔声降噪措施是设备降噪和定期设备维护保养的方法，减少噪声的排放，从而降低了对环境的影响。最后，前面这些措施在经济上或者技术上都不可行时，组织还可以使用管理控制措施。例如，任用能够胜任的员工、实施作业规程，包括监测测量过程等，在活动中及时发现对环境有影响的因素，进行及时调整和采取措施，从而减少对环境的影响。上述这些措施可以单个使用，也可以结合使用。

每个组织都会存在采购过程，这个采购可能包括零部件、某个或整个工序、服务等，那么组织将根据这个过程中对于环境影响的严重程度、外部供方的管控能力等因素进行管理，不能将环境风险转嫁给供应商后就免去其自身的责任。

标准中对于生命周期观点的运用从四个方面给出了参考：

1）在产品和服务的设计和开发过程中，如原材料的选用、制造的工艺、设备的选型时；

2）在采购产品和服务时确认相关的环境要求；

3）与外部供方沟通企业的环境要求，如环境方针、环境绩效、对供方环境管理方面的要求等；

4）产品和服务交付后可能存在的潜在中道影响，也就是售后，包括在运输、交付、使用、废弃和最终处置这些过程中的环境影响。例如，危险化学品作为组织的产品，那么在运输过程中、使用过程中可能产生的环境影响，消费者使用结束后容器的处置可能带来的环境影响都是组织需要考虑的。

最后，在整个运行控制过程中组织需要保留必要的记录来证明这些过程是满足策划的要求并且是有效的。那必要的记录包括哪些呢？至少包括如下三个方面：

1）法律法规要求需要保留的记录；

2）企业文件中规定需要保留的记录；

3）客户要求需要保留的记录。

➡ 本条款存在的管理价值

本条款是“PDCA”中的“D”。当我们完成4～6章的策划后最重要的就是要执行、去落实。如果没有执行，前面这些都是空谈。条款8.1就是告诉组织要管控哪些方面、该如何去控制。

➡ ISO 14001：2004 条款内容

4.4.6　运行控制

组织应根据其方针、目标和指标，识别和策划与确定的重要环境因素相关的运行，以确保其通过下列方式在规定的条件下进行：

a）建立、实施并保持一个或多个形成文件的程序，以控制因缺乏程序文件而导致偏离环境方针、目标和指标的情况；

b）在程序中规定运行准则；

c）对于组织使用的产品和服务中所确定的重要环境因素，应建立、实施并保持程序，并将适用的程序和要求通报供方及合同方。

新旧版本差异分析

1）2004 版标准只要求对于环境目标指标和环境因素进行管控，但 2015 版标准要求对条款 6. 1. 1 ~6. 1. 3 中识别的风险与机遇、合规义务也要管控。

2）2004 版标准只提及将环境要求通报给外部供方，但 2015 版标准要求对外包过程的进行管控或施加影响，其管控级别升级。

3）引入生命周期的观点。

转版注意事项

1）组织应建立过程，用过程方法来控制环境因素、合规义务、风险和机遇、环境目标，实施相应的措施，以及建立运行的准则；

2）过程中是否采用生命周期的观点去策划、实施管控措施；与重要环境因素相关风险有无进行过程控制；

3）如何对外部供方，尤其是外包的产品和活动进行管控；

4）变更如何进行，管控措施的有效性及其后续有无不利影响。

制造业运用案例

【正面案例】

1）某木制品生产企业从生命周期角度出发，从设计开发阶段尽量采用人工育林木材，采购时要求注明木材出处、木种，出厂时在产品上注明可以折换回收的专卖点，再利用回收的木材制作较低层次的产品。通过明确设计、采购、回收等控制点，做到原材料的循环利用。

2）某包装公司在印刷过程所用的水性油墨网版和印刷机器清洗的时候，会产生大量的废油墨水，而废油墨水还是含有油墨成分的，不能直接排入污水管网，需要寻找有资质的公司进行处理。废油墨水每月的产生量不多，会在公司存放一段时间后定期处理。但是，存放不当的话极有可能造成泄漏，对环境产生不利的影响。为了减少风险、降低对环境的影响，公司购买了絮凝剂，对漂浮在废油墨水中的物质进行絮凝，使其沉淀，然后将清水排入污水管网，沉淀物晒干后收集，并密封保存在专门的存放点，寻找有资质的处理公司进行处理。经过这样的处理，公司由每年 12 吨的废液产生量降低为 20 公斤的固废产生量，既避免了泄漏风险，也降低了对环境的影响。

【负面案例】

某电子企业由于所在区域环保要求，将污染严重的电镀工艺外包生产。企业认为电镀已经外包了，不是自己生产的，不在其管辖范围内，所以未对外包商做管控措施，选择外包商时没有经过考核，导致实际生产后外包商由于偷排废水被停业，影响企业生产和品牌形象。

➡ 服务业运用案例

【正面案例】

1）以前大多数酒店都会提供小瓶装的洗发水和沐浴露，但是很多时候一次是用不完的。比较好的洗发水可能会被客人带走继续使用，但大多数情况下这种一次性的东西酒店就直接废弃了。为此目前很多酒店将沐浴露和洗发水用大瓶装固定在淋浴房的墙壁上，用完了直接往里面添加即可，减少了包装和残液的废弃。

2）某知名咖啡连锁店为减少一次性纸杯或塑料杯的使用，推出了自带杯享受3元折扣活动，鼓励大家自己带杯子来喝咖啡，从而减少一次性杯子的使用。同时该品牌在推行此环保举措的同时还售卖咖啡杯，除了基础杯、城市杯，还有每季不同主题的促销杯，作到环保和收益双赢。

3）危险废物收集、处置企业为了尽量减少在危险废物运输过程中对周围环境的影响，制定了《危险废物运输程序》，其中对危险废物的运输车辆资质、车况、运输路线规划等作出规定。为了保证车辆按照既定运输路线，该公司投资建设了中央控制系统，为每辆危废运输车辆安装GPS，确保每辆车均能按照既定路线行驶。

【负面案例】

1）由于网络和服务意识不断提高，外卖成了现在很多人的选择。《中国塑料制品行业产销需求与投资预测分析报告》数据显示，2017年1～5月我国塑料制品累计产量3047万吨，累计增长3.8%。塑料制品的增长与外卖等新兴行业的兴起、发展密不可分，如今如火如荼的外卖经济已经带来一系列的环境问题。根据美团、饿了么、百度外卖等外卖平台数据显示，三家平台日订单量为2000万张左右。根据一家公益环保组织采集的100张订单样本测算，平均每张要消耗3.27个塑料餐盒或杯子。按照上述数据估算，外卖平台一天消耗的塑料制品要超过6000万个，每周至少产生4亿个一次性打包盒和4亿个塑料袋废弃垃圾。由于无法回收再利用，大部分只能焚烧，每年约有800万吨的塑料被填埋。外卖行业的兴起为很多人带来了就餐的便利，但是它带来的环境问题却不容小觑。外卖垃圾造成的环境污染急需引起消费者、商家、外卖平台及环保部门的重视。

2）对于餐饮行业来说，最大的环保问题除了油烟就是餐厨垃圾，如何避免减少餐厨垃圾的产生是一个比较棘手的问题。目前有些火锅店在点菜的时候会允许顾客点半份以减少浪费。虽然国家在大力提倡“光盘行动”，但是在大多数饭店，不管是两个人就餐还是十个人就餐，每份的价格和菜量是固定的。特别对于游客，他们会认为“来都来了，就都尝尝吧，不要遗憾”，对于商务宴请他们怕菜点少了丢面子。所以如果是两三个人去吃，势必会造成一定程度的浪费。所以如果饭店能针对同一菜品适时推出小份、中份、大份，更能促进“光盘行动”有效执行。

➡ 生活中运用案例

【正面案例】

家庭中发现每月电费比较高，于是将用电消耗减少作为一个环境目标。通过分析发现电力主要消耗为电视、空调、电热水器、照明。根据用电波峰波谷的情况，和可以节电的途径分析后制定了用电管控措施：白天电视、空调由原来的待机模式改为关机模式，电热水器由原来的九点之前加热变为九点之后加热，照明灯具从普通照明变为 LED。

【负面案例】

生活中大家最容易产生的环境影响可能就是做饭产生的油烟。一般家庭都会采用油烟机，这样做饭的时候家里就没有那么重的油烟味了，从而觉得减少了对环境的影响和对人体的伤害。但是从大环境来说，油烟并没有被处理，只是从家里转移到了外面，所以环境影响还是存在。真正能消除油烟的办法可以从炒菜变成拌菜。

➡ 组织运行时常见失效点及可能的应对措施

常见失效点	可能的应对措施
MSDS 被负责人放置在办公室，没有张贴在活动现场	现场张贴所有的 MSDS，并宣贯给所有相关人员；现场保持 MSDS 的清晰、完整
活动现场垃圾物混放，没有进行分类；危险废弃物存放点没有合适的标识，管理混乱	垃圾分类存放，危险废弃物存放点需要标识，分类存放，并密闭保存，增加防泄漏设施和消防器材
活动现场化学品的标识不清晰，特别是重新调配、分装后的化学品没有进行标识，导致误用	化学品的现场管理要责任到人，标识要清晰，调配、分装后的化学品也需要标识，防止误用

续表

常见失效点	可能的应对措施
对于外包方的评价、选择和管理主要是质量方面的，环境方面大多数只是看一下是否有环境管理体系的证书，对于其日常管理基本不关心	将对供方的环境管理体系要求和质量融合在一起，在前期的评价、选择中要有体现，对于后续的绩效监视和再评价也尽量要明确、量化
没有从生命周期观点考虑环境影响，将组织的环境影响转嫁到产业链下游	在转版培训时，应重点强调生命周期观点，确保最高管理者、采购部、销售部等与外部供应商、承包商、客户的接口部门都清楚如何在实践中考虑生命周期观点，避免组织将环境影响转移到下游，而不是施加影响或者控制去减少产品、活动或者服务在整个生命周期内的环境影响
变更管理程序对何为变更定义不清，导致实践中无法实施	变更管理是 EHS 管理的重点，也是难点。组织在建立变更管理程序时，需要根据组织情境明确何种类型或者规模的变化作为变更进行管理，避免要么管得太多，要么管得太少

➡ 最佳实践

在评价环境因素的时候运用过程方法、持续改进和生命周期的观点，确保从产品的设计，原材料的获取直至废弃、回收等环节均能有效、全面地识别出潜在的重大环境因素，制定相应的措施。企业只需要严格执行措施的各项要求，保留相应的记录。

➡ 管理工具包

5S、可视化管理、数据分析。

24 应急准备和响应

➡ ISO 14001：2015 条款原文

8.2　应急准备和响应

组织应建立、实施并保持对 6.1.1 中识别的潜在紧急情况进行应急准备并作出响应所需的过程。

组织应：

a）通过策划的措施作好响应紧急情况的准备，以预防或减轻它带来的不利环境影响；

b）对实际发生的紧急情况作出响应；

c）根据紧急情况和潜在环境影响的程度，采取相适应的措施以预防或减轻紧急情况带来的后果；

d）可行时，定期试验所策划的响应措施；

e）定期评审并修订过程和策划的响应措施，特别是发生紧急情况后或进行试验后；

f）适当时，向有关的相关方，包括在组织控制下工作的人员提供与应急准备和响应相关的信息和培训。

组织应保持必要程度的文件化信息，以确信过程能按策划得到实施。

➡ 条款解析

本条款要求组织必须对条款 6.1.1 中识别的潜在紧急情况有充分的了解和正确的认识，这是制定或策划应急准备和响应的基础，识别过度或不足对企业来讲都是风险。因此标准从以下几个方面分别阐述了如何正确地识别并积极地应对潜在的紧急情况。

a）组织应当针对条款 6.1.1 中识别出的紧急情况进行相应的策划准备，其目的是减轻，甚至是提前预防紧急情况对环境所带来的不利影响。

b）紧急情况一旦发生，组织必须能够按照事先策划的应急方案指导现场人员进行快速响应。

c）组织对紧急情况以及其给环境带来的影响作出分级预案和控制，以期有效地、及时地、经济地对紧急情况采取相对应的响应措施。

d）在可行时，应急响应计划以及相关资源、设备应当定期试验或者演练，否则就形同虚设，遇到紧急情况要么人员没有心理准备、根本无法按预案进行响应，要么资源或者设备掉链子、无法完成应急响应。

为什么2015版标准在定期试验和演练这里强调了“可行时”，是要求组织在实施试验时需要充分考虑到试验的可行性，包括对人员安全、环境的影响以及由此产生的相关成本或代价。组织应在控制环境影响和相关成本的前提下进行可行的试验或者演练，切不可由于演练造成环境影响或者人员伤害。

e）条款作为d）条款的延伸和后续手段，要求组织定期评审应急准备和响应计划，尤其是在发生了紧急情况后或者演练完之后一定要尽快进行总结和评审，从而可以将从紧急情况或演练中发现的缺陷、问题，及时纳入PDCA循环，实现应急准备和响应能力的持续改进，有利于逐步提高组织在应急准备和响应方面的管理水平和实战能力。

f）培训和宣导作为应急准备和响应的实施手段是非常必要和关键的。如何通过这些手段将紧急状况下采取的各类应对策略，甚至是每个人的职责、行为加以明确和训练，是每个组织都应重点策划和考虑的。并且这种培训和宣导不应只在组织内部实施，还应当考虑到条款4.2中组织确认的环境相关方。

➡ 应用要点

组织在条款6.1.1中识别潜在的紧急情况时要把握两点：第一，要识别全面，不要漏项；第二，在识别时要考虑组织本身的特点以及周围环境，考虑所有可预见的潜在紧急情况以及组织曾经发生过的紧急情况，切不可天马行空地去设想各种与组织及其周围环境关系不大的紧急情况，也不要忽略周围环境可能给组织带来的紧急情况。

组织在针对上述识别出的潜在紧急情况策划应急准备和响应计划时，应当对这些识别的结果作出分级的考虑，从而能够更有效、经济地制定相适应的响应措施。例如，根据紧急情况的严重程度建立不同的响应级别，根据响应职能层次建立不同的响应计划（应急总指挥、现场指挥、现场响应人员等）。应急响应计划应当进行必要的文件化，以确保计划有效实施。

应急响应计划发布实施后，组织应对应急响应人员以及紧急情况发生时可能受紧急情况影响或者可能影响组织应急能力的相关方（包括员工）进行培训或者信息沟通。

应急准备和响应计划应当定期演练，以保证所有参与应急响应的人员知道自己在紧急情况下如何做，不至于慌张到动作变形。应急资源应当定期检查和试验，确保应急资源的有效性和充分性。

➡ 本条款存在的管理价值

本条款的目的和意义在于通过策划、培训和演习等事先的准备活动，让应急响应活动的执行者一旦遇到紧急情况时，能快速有效地应对和处置，从而最大限度地减少甚至避免紧急情况带来的不可预测的风险和后果。

同时，通过本条款的学习和落实也可以让执行人员更明确、更有目的性地了解企业所处环境带来的潜在的环境事故或紧急情况，形成有效的持续改善的良性循环，并对此作出积极的应急准备和响应，预防或减少直接或可能伴随而来的对组织的影响。

➡ ISO 14001：2004 条款内容

4.4.7 应急准备和响应

组织应建立、实施并保持一个或多个程序，用于识别可能对环境造成影响的潜在的紧急情况和事故，并规定响应措施。

组织应对实际发生的紧急情况和事故作出响应，并预防或减少随之产生的有害环境影响。

组织应定期评审其应急准备和响应程序，必要时对其进行修订，特别是当事故或紧急情况发生后。

可行时，组织还应定期试验上述程序。

➡ 新旧版本差异分析

在本条款中新旧版本的差异有如下几个方面：

1）2015 版标准采用新的高阶结构编写，条款号由 2004 版标准的 4.4.7 变为 2015 版标准的 8.2，条款整体结构由 2004 版标准的一段文字变为逐条叙述，层次更加清晰，逻辑性也更强。

2）2015 版标准把对于紧急情况及其造成环境影响的识别放在条款 6.1.1，更凸显了紧急情况在组织风险防范中的重要性。

3）2015 版标准 f）条款是新增的，着重强调了组织应在适当时对内部人员以及其相关方进行应急准备和响应的宣导和培训。

➡ 转版注意事项

转版过程中要注意以下几个要素下文件的联动。

在条款 8.2 中策划应急准备和响应计划时，应涵盖条款 6.1.1 识别出的所有紧急情况或事故，并结合条款4.2理解相关方的需求和期望，考虑紧急情况发生时可能受紧急情况影响或者可能影响组织应急能力的相关方。

同时，2015版标准特别强调了对组织的相关方进行宣导和培训的要求，因此，要联动条款7.4信息交流，使内外部信息交流中涵盖应急准备和相应的内容。

此外，2004版标准没有对应急准备和响应相关的文件或记录有明确的要求。2015版标准明确要求组织应保持必要程度的文件化信息，这主要是从策划实施的效果层面考虑的。因此，这个要素的文件化程度要保持平衡，不要走极端。

➡ 制造业运用案例

【正面案例】

某公司在做防汛预案时，考虑到工厂污水处理池的容量基本饱和，其地理位置又紧靠围墙，围墙外面有村民的鱼池、菜地和灌溉的沟渠，一旦遇暴雨天气，污水池水如果外溢将造成周围菜地和水体的污染，给周边环境带来不可逆的重大影响，并由此可能给公司声誉以及经济方面造成重大的损失。因此经过详细的调研和充分的策划，针对污水外溢制定了如下防汛应急预案。

1）汛期来到之前污水站增加班次，加大处理能力，保证汛期污水池水位在1/3以下。

2）污水池上方增加棚顶，减少雨水灌注量。

3）汛期到来之前疏通公司所有雨水井和雨水管道以及围墙外围的蓄水壕沟，减少院内积水。

4）临近鱼池和菜地的围墙外围的壕沟预先安置三台抽水泵，一旦遇暴雨天气，壕沟水满则启动抽水泵，将雨水引入周围沟渠。

由于上述应急策划和准备的落实，该公司在暴雨天气成功进行了应急响应，将污水外溢的可能性以及给周围环境造成的潜在影响降到了最低。

【负面案例】

某工厂有化学处理工序，产生的含酸废水由本工厂的污水处理站进行处理，VOC和pH达标后才允许向排污管道排放。工厂在污水站运行初期也制定了应急响应预案，如果经处理的废水达不到排放要求，则需要操作人员关闭排放闸门，启动回流泵，将不达标的废水抽回中和槽重新处理，直至废水监测合格才能排放。预案本身并没有问题，也可以说比较完备，但自污水站运行以来一年多并未发生废水处理不合格的情况，工厂也就没有进行过应急预案的操作。某日，在线监测发现废水pH不达标时，操作人员按预案关闭排放闸门时发现闸门因长期处于开启状态产生部分锈蚀且气动控制系统也出现故障，无法全部闭合，此时启动回流泵发现该泵因长期未使用一时也无法启动，因此导致一段时间内不达标废水排到排污管道内，被环保部门监测到。该工厂受到了停产整顿的严厉处罚。

➡ 服务业运用案例

【正面案例】

某酒店在装修时使用了防火材料，在火灾时不会燃烧释放有毒有害的气体，一方面为酒店客人赢得了逃生时间，不会中毒昏倒而丧生；另一方面也减少了火灾的环境污染。

【负面案例】

某危险废物处置单位的危险废物储存场地比周边地势低，且四周没有设置雨水收集沟，导致50年一遇的大暴雨期间，危险废物在雨水浸泡下不受控制地顺着低洼地势流到了地势更低的河流里，河流遭到了严重的污染。

➡ 生活中运用案例

【正面案例】

《北京市空气重污染应急预案》于2016年修订，将空气重污染预警警报分为蓝色、黄色、橙色和红色四级，并针对每一级警报设置了健康防护引导措施、倡导性减排措施和强制性减排措施。例如，在红色预警时，强制性减排措施包括，在保障城市正常运行的前提下：

1）在常规作业基础上，对重点道路每日增加1次及以上清扫保洁作业。

2）停止室外建筑工地喷涂粉刷、护坡喷浆、建筑拆除、切割、土石方等施工作业。

3）国Ⅰ和国Ⅱ排放标准轻型汽油车（含驾校教练车）禁止上路行驶；国Ⅲ及以上排放标准机动车（含驾校教练车）按单双号行驶（纯电动汽车除外），其中本市公务用车在单双号行驶基础上，再停驶车辆总数的30%。

4）建筑垃圾、渣土、砂石运输车辆禁止上路行驶（清洁能源汽车除外）。

5）对纳入空气重污染红色预警期间制造业企业停产限产名单的企业实施停产限产措施。

6）禁止燃放烟花爆竹和露天烧烤。

7）协调加大外调电力度，降低本市发电负荷。

【负面案例】

某市春节期间空气污染不断加重，但是市政府没有及时喊停春节期间允许燃放烟花爆竹的允许令。虽然很多市民都自觉自愿地不再燃放烟花爆竹，但是仍然有很多人燃放，结果导致第二天空气污染进一步恶化。

➡ 组织运行时常见失效点及可能的应对措施

常见失效点	可能的应对措施
潜在的紧急情况识别不充分或者与组织和周围环境的关联度不大	头脑风暴＋真正分析出组织所存在的紧急情况及其环境影响
制定了应急预案和响应措施，但没经过演练检验	明确定期培训或演练的时间期限，明确执行和监督评审的人员，采取问责制
宣导和培训走过场，留几张照片权当执行的证据，一旦发生紧急情况操作人员无从下手	建立培训考核制度，相关责任人签署责任承诺书。督导执行者认真对待培训和演练，增加培训的趣味性
应急响应措施自制定伊始就从未变过，没有经过评审和持续改进	将应急计划的定期评审、演练后和紧急情况发生后的回顾和评审写入制度，并形成组织文化
没有对应急资源进行定期的检查和试验	建立应急资源的定期检查和饰演制度，保证其切实执行，确保应急资源的可用性
演练时只考虑了组织内部人员和资源，没有纳入相关方和外部资源	在策划演练时，应当对照应急计划，纳入相关方和外部资源，检验相关方和外部资源的可用性和参与性

➡ 最佳实践

针对条款 6.1.1 识别出来的潜在的紧急情况，某企业编制了综合预案、专项应急预案和现场处置方案。综合预案和专项应急预案规定了应急响应人员的职责、团队架构以及应急资源配置。现场处置方案则是对现场人员的应急操作及其步骤给出具体的指导。

组织定期检查应急资源的可用性，并培训应急响应人员。同时组织评估了应急演练的可行性，定期策划一定场景的应急演练。

应急演练之后、应急事件之后，组织应急响应人员进行总结和回顾，评估应急资源的充分性和有效性，评估应急人员的能力是否充分和适宜，评估应急流程是否顺畅、合理等，寻求持续改进应急响应能力的机会。

➡ 管理工具包

环境因素及其影响的识别；沙盘演练、桌面演练、软件模拟演练；实际演习；教练式培训或对话；案例分析；环境影响预测软件。

25 监视、测量、分析和评价

➡ ISO 14001：2015 条款原文

9.1　监视、测量、分析和评价

9.1.1　总则

组织应监视、测量、分析和评价其环境绩效。

组织应确定：

a）需要监视和测量的内容；

b）适用的监视、测量、分析与评价的方法，以确保有效的结果；

c）组织评价其环境绩效所依据的准则和适当的参数；

d）何时应实施监视和测量；

e）何时应分析和评价监视和测量的结果。

适当时，组织应确保使用和维护经校准或验证的监视和测量设备。

组织应评价其环境绩效和环境管理体系的有效性。

组织应按其合规义务的要求及其建立的信息交流过程，就有关环境绩效的信息进行内部和外部信息交流。

组织应保留适当的文件化信息，作为监视、测量、分析和评价结果的证据。

➡ 条款解析

监视、测量、分析和评价是“PDCA”循环中的“C”阶段。体系经历了从策划到实施的过程，组织需要了解是否实现了环境目标、是否履行了合规义务等，这就需要对环境绩效进行监视、测量、分析和评价。

本条款为衡量组织环境管理体系的持续适宜性、充分性和有效性提供了基础和方法，即组织对其环境绩效进行的监视、测量、分析和评价。监视、测量、分析和评价使组织能够精确地报告和交流组织的环境绩效，既可作为合规义务的证据，也是环境管理体系持续改进的原因和依据。

首先，我们需要厘清监视和测量两个概念。监视是确定体系、过程或活动的状态；而测量则是确定数值的过程。监视一般不需要设备即可进行，包括日常和例行检查、设备点检、工艺过程自动控制和监视系统、环境目标对比分析等，是一种定性评价的过程。而测量则是定性的过程，需要使用一定设备获得数据，或者根据数据来定性判断，如污染物排放浓度监测、有害气体探测报警器等。

对监视、测量、分析和评价的实施应从以下角度进行。

第一，需要监视和测量的内容由组织自行确定。由于可用于监视和测量的资源是有限的，因此组织应当将资源用在“刀刃”上。监视和测量应当围绕重要环境因素、合规义务、环境目标和运行控制等重要方面而确定，如污染物排放在线监测、单位产品耗能指标测量、污水处理设备运行状态点检等。

第二，组织应当根据监视和测量的内容以及自身的资源，确定适用的、可行的监视、测量、分析与评价的方法。因此，各个组织采用的监视和测量方法可能不同，但是只要能确保获得有效的结果均是可以接受的，前提条件是要满足合规义务的要求，并应确保分析和评价结果是可靠的、可重现的、可追溯的。

第三，组织在选择相关参数时，应当选择那些容易理解并且能够为其评价环境绩效提供有价值信息的参数。参数的选择应当反映组织的特点和规模，并适应其环境影响。例如，对于国家重点排污单位，根据法规要求需要安装重点污染物在线监测系统，对于非重点污染物则只需要自行手动监测即可，不需要安装全天实时在线监测系统。

第四，监视和测量应当在受控状态下按照适当的过程进行，以保证结果的有效性。适当的过程可能包括以下内容。

1）采样和数据收集的方法。

2）在监视和测量实施过程中应使用经校准或验证的相关设备，以确保监视和测量的结果真实有效，如对有害气体探测器、COD 检测仪定期进行校验。

3）根据国际或国内测量标准确定测量标准。

4）确保监视测量人员能胜任工作。

5）在数据解释和趋势分析方面采用恰当的质量控制方法。

组织可以寻求有 CMA 和（或）CNAS 资质的实验室进行检测，以确保结果的可靠性，也可以采用平行样品分析、标定样品分析等检验结果的可靠性。

第五，在对监视测量结果分析和评价的基础上对组织的环境绩效和环境管理体系的有效性进行综合评价，便于组织充分认识其环境绩效并持续改进其环境管理体系。

监视测量结果只有进行分析和评价才能为持续改进做贡献，只进行监视测量不进行分析评价，获得的信息局限在点上，无法实现对面的改善，这就是所谓的“没有总结就没有提高”。何时进行分析和评价由组织根据自身的需要以及合规义务来确定，一般可以理解为总结、汇报的时间，如每天、每月、每季、每年等。

环境绩效是指与环境因素管理有关的可度量的结果。对于环境管理体系，评价环境绩效所依据的准则可以是环境方针、环境目标、法规要求、相关方的要求或组织自己制定的运行控制准则，组织应明确对应于不同监视测量内容的不同评价准则，同时应考虑运用参数来测量结果。

环境绩效评价参数包括环境绩效参数（如年COD排放总量）和环境状况参数（如工厂土壤中重金属含量）。环境绩效参数包括管理绩效参数（如环境检查执行率、年应急演练次数）和运行绩效参数（如污水中的COD浓度等）。

选用合适的参数进行测量提供量化的证据，能够保证监视测量的结果是可靠的、可重现的和可追溯的，使环境绩效评价结果更具说服力。

第六，组织应按照合规义务的要求和组织已建立的信息交流程序，对环境绩效的信息进行内部和外部信息交流。内部的交流可以使组织内部各层次各有关职能对组织的环境绩效充分了解并理解本层次本职能甚至个人对环境管理体系的作用和贡献，而非置于环境管理体系之外，利于环境管理体系的运行和良性发展。外部的信息交流可以使组织外的相关方了解组织的环境绩效，并进行评判，避免和减少外界对组织环境绩效的误解。这包括应当向具有职责和权限的人报告对环境绩效分析和评价的结果以便启动适当的措施。

第七，适当的监视、测量、分析和评价信息应文件化并作为证据保留，可作为组织履行合规义务的证据，也可用于内部和外部信息交流。

➡ 应用要点

组织应建立系统的方法定期对其环境绩效进行监视、测量、分析和评价，进行环境绩效对比，并使监视、测量、分析和评价的方法随内外部环境的变化而动态调整。方法的建立应注意以下方面。

1）依据组织自身的运行/工艺特点、环境目标、重大环境因素、法规和标准要求、政策导向，并参考国际最佳实践，确定监视、测量的方案。一般来说，应确定监视和测量的因素、因子、频率、取样地点、取样方法、分析方法、负责部门、资金保障。其中，选择的监视和测量的因素、因子应能反映组织的行业特点、规模、易于监视测量，且有法规规定或普遍认可的分析方法、易于评价组织的环境绩效，如温度、压力、pH、COD、SO_2、物耗、能耗、运输量等。建设项目环境影响评价报告中的环境管理和监视方案是建立环境绩效监视、测量方案的一个非常好的参考。

2）考虑监视和测量的资源成本和发挥资源的最大效力，组织应关注组织环境管理的关键方面，对关键活动或过程进行监视测量以取得最有用的信息。如建立关键绩效指标和关键特性指标，在关键控制点进行监视和测量，确定负责岗位、数据和信息来源、收集和整理及计算的方法、监视测量周期等，以客观、准确地监视组织的运作及组织的整体绩效，客观地评价优势、劣势、机会和威胁，为组织整体环境战略制定、日常决策以及改进和创新提供支持。

3）监视测量所使用的方法应符合国家有关监视测量方法的规定。监视是指观察的过程，不一定必须使用监视设备。测量则通常要使用设备，而设备用一段时间都会出现测量不准确的情况。为了保证测量设备测量结果的真实准确和持续有效性，就需要对其进行定期校准和维护。仪器校准和维护的频率与方法应符合监测有关的规定，校准与维护工作应有记录。通过委托第三方进行监视测量的，第三方机构应具备中国计量认证（CMA）证书和（或）中国合格评定国家认可委员会（CNAS）认可证书，由第三方出具的监视或测量报告须具有 CMA 和（或）CNAS 的章。

4）环境绩效需通过具体的指标或参数来评估。通过监视测量获取的数据或信息本身还不能直接反映组织环境管理的水平和问题，需要对其进行分析后才能进行环境绩效的评估。分析的方法应采用法律、法规、规章、导则、规范、标准所规定的内容，包括模型预测、趋势分析、对比分析、因果分析和相关分析等，以找出监视测量结果和信息的内在规律和彼此之间的关系，确定用于评估环境绩效的指标或参数。

5）针对关键绩效指标和关键特性指标，将监视测量和分析的结果与识别收集到的相关标准进行比对，对组织的环境绩效和环境管理体系的有效性进行评价。用于对比的标准，根据关键指标的不同，既可以是国家法律、法规、规章、规范、导则、标准的要求，也可以是组织内部、行业内或行业外标杆的最佳实践。通过对环境绩效和环境管理体系的评价，组织能掌握自身环境管理状况，确定问题的根本原因，改进组织的环境管理体系。

6）组织应根据自身特点并依据法律法规的要求确定环境绩效监视、测量、分析和评价的时间，定期开展，持续跟踪组织的环境绩效和环境管理体系。并将监视、测量、分析和评价的结果反馈于环境管理体系，从而对环境管理体系进行动态调整。

7）组织应按照法规的要求和自身程序的要求对其环境绩效进行监视、测量、分析和评价的结果进行内部和外部的信息交流。内部交流可采取多种方式，让组织内部成员清楚组织的环境绩效和环境管理体系运转情况。外部交流也可采用多种方式向外界展示宣传组织的环境绩效，以争取荣誉和外界的理解，避免不必要的争议甚至处罚。

8）组织在进行监视、测量、分析和评价时，应适量文件化，即对关键的步骤和结果进行文件化，保留记录备用。其用途包括作为环保部门等政府检查时的备查文件、环保诉讼的证据、内外部审计的资料、信息公开的基础等。

➡ 本条款存在的管理价值

对组织的环境绩效和环境管理体系的有效性定期进行监视、测量、分析和评价，有利于组织对自身环境绩效的了解和掌握，从而判断现有环境管理体系是否在起作用、起多大作用、可以在哪些方面进行改进，从而促进环境管理体系的良性发展，提高组织的环境绩效。同时，监视、测量、分析和评价的结果、记录都可以作为内外部交流的依据和基础，甚至在因环境相关问题引发诉讼或在社会上造成影响声誉的危机时作为有利组织的证据，从而减轻甚至消除不利的后果。

➡ ISO 14001：2004 条款内容

4.5.1　监测和测量

组织应建立、实施并保持一个或多个程序，对可能具有重大环境影响的运行的关键特性进行例行监测和测量。程序中应规定将监测环境绩效、适用的运行控制、目标和指标符合情况的信息形成文件。

组织应确保所使用的监测和测量设备经过校准或验证，并予以妥善维护，且应保存相关的记录。

➡ 新旧版本差异分析

新旧版本的最大差异在于，2004 版标准中只规定了组织应对关键特性进行例行监测和测量，而 2015 版标准的规定是组织应监视、测量、分析和评价其环境绩效。2015 版标准强调了对监视、测量的结果进一步分析和评价，最终目的是评价组织的环境绩效和环境管理体系的有效性，并且进行环境绩效信息的内外部交流。同时，2015 版标准对监视、测量、分析和评价的内容、方法、准则、参数、时间等也作了具体的要求。因此，新版的要求更加全面，同时也说明国际标准化组织对于评价环境绩效和环境管理体系有效性的重视。

➡ 转版注意事项

转版时不需要做文件或者记录的追加工作，但是组织应审查现有的文件和程序，确保相关文件和程序包含监视、测量、分析和评价的内容、方法、准则、参数、时间等具体的要求。同时应与 2015 版标准的条款 6.1.3（合规义务）、条款 7.4（信息交流）联动，保证环境绩效信息的内外部交流按合规义务的要求进行，以规避合规义务的风险。

➡ 制造业运用案例

【正面案例】

1）某化工企业根据其环境监测方案定期进行厂区周边的环境质量监测和厂内污染物排放监测。该企业考虑到其生产过程可能会对地下水造成影响，因而在其厂区四周各钻一口地下水采样井，每年委托第三方实验室进行一次地下水采样监测。某年，该企业附近村子的村民数次饮用井水后发生严重腹泻。该村委托当地监测单位对村里的井水采样分析后，发现石油类和锰离子超标。该村就向上级政府进行举报，认为其井水污染是由其住所附近的多家企业造成的。当地政府在约谈这些企业的过程中，该化工企业出具了近几年年度厂界地下水监测报告，显示石油类均未检出和锰离子不超标，因而排除了自身嫌疑。

2）某企业是2001年的老式厂房，产品生产过程的前期反应使用大量盐酸，后道灌模、熟成、出模、浸洗、脱水、裁切、机洗等过程均为敞开式生产，会有盐酸气体大量挥发。为减少对环境影响，在后续各车间均安装了集气罩，设置了多套碱液喷淋废气处理塔，将车间内的气体分别收集到废气塔中处理排放。原先一直安排专人每天定期对各废气塔进行巡检，并用pH试纸检测碱液的酸碱度，根据检测结果加碱，每年一次定期委托环境监测站对废气排放进行检测。但偶尔还会收到周边投诉。后公司进行改造，在所有废气塔均安装了在线pH检测计，根据检测结果自动添加碱液，同时pH检测结果能传输到生产控制室，出现故障或者超标会报警。检测数据可保存三个月，所以公司每三个月会汇总检测数据，分析废气塔的运行状态，提前做好维护。后再未出现过周边投诉。

【负面案例】

1）某农药企业2005年投产以来建成多种农药生产线，排放的工艺废气、废水含多种有毒有害的特征污染物，如废气中的盐酸、Cl_2、甲苯、光气、HCN、甲醇，废水中的吡啶、咪唑烷、吡虫啉、百草枯、多菌灵、苯系物、氰化物等。该企业在投产运行后，仅依靠污水总排口设置的流量、COD和pH在线自动检测装置进行管控，未对特征污染物进行定期环境监测。尽管其污染物治理设施均在运转，但企业对其排污达标情况不掌握，致使有毒有害污染物超标排放，造成环境污染。几年后周边群众举报，当地环保局对该企业进行检查时，该企业不能提供有效监测报告，不能证明其排污达标。环保局委托监测站实地采样监测分析后，证明该企业确实超标排放。当地环保局给予该企业停产整改并缴纳罚款的行政处罚，并有可能承担刑事责任和民事赔偿责任。

2）某企业为纺织厂，噪声较大。该企业厂址在工业区边缘，每年委托第三方检测机构对厂界的昼夜噪声进行检测。公司在环境监视测量程序中仅规定了每年进行噪声检测，执行 GB 12348—2008 标准，未在程序中写明具体标准内容，结果今年由于负责联系检测工作的人员换人，不清楚排放标准要求，检测报告中按照 GB 12348—2008 三类区标准进行判定为符合。结果在年底向环保局进行排污申报时，发现企业应执行的标准为 GB 12348—2008 二类区标准，检测报告中有两个点是超标的，影响了企业排污许可证的换发。

➡ 服务业运用案例

【正面案例】

1）日本福岛核电站发生泄漏后，不少人担心会不会影响到中国，甚至引起碘盐抢购。中国环境保护部作为公众环境服务的提供者，及时全面启动了全国辐射环境监测网络，并对事故持续密切跟踪，辐射监测结果及时在网站、电视、报纸等媒体公开，供人们第一时间了解到权威、准确的信息，逐步消除了人们的恐慌。这个案例就体现了把环境信息进行外部交流的作用。

2）某四星级酒店，从近年来社会追求清淡少油的健康饮食及降低运营成本的角度考虑，在对一段时间食用油用量的数据收集、统计分析后，选定了减少食用油用量的环境目标及实施措施，规定每季度对各措施的实施和结果进行监控，年底进行总结评价，确保了目标的实现。既实现了环境绩效目标，也降低了经营成本。

【负面案例】

1）某五星级酒店通过环保验收后，由于其排放的污水只是生活污水，认为其环保设施只要正常运行，就能保证达标排污，因而未进行定期监测。在水政监察大队开展的排水专项整治行动中，经采样监测，该酒店向公共排水管网排出污水中的 COD 数值高达 1000mg/L，已然超出排放标准一倍。执法人员责令该酒店限期改正，并处以罚款。

2）某饭店安装了油烟净化装置，开业时进行了油烟排放监测，确认油烟去除效率和排放浓度达到标准要求。饭店营业一年半后，陆续收到周边住户关于油烟的投诉。环保局来检测，发现油烟超标，原因是油烟净化装置内部出现故障，除油烟效果变差，饭店人员忙于经营，认为每次打开能用就行，没人对运行状况检查过也未定期安排监测，最终造成投诉，受到处罚。

➡ 生活中运用案例

【正面案例】

雾霾给人们的生活带来比较大的不便。在雾霾天气，人们通常都会关注所在地区每日的空气质量指数，再决定是否外出和采取何种防霾措施。作决定的过程其实就是针对测量的数据进行分析评价的过程。

【负面案例】

随着生活的改善，净水器逐渐走进了千家万户。小刘也给自己家安装了净水器，还通过网络购买了某品牌的 TDS 水质测试笔，用于监控自己家净水器的净化效果。但是，使用过一段时间后，小刘觉得净化过的水口感发涩，就使用水质测试笔进行了测试。测试结果表明水质还是不错的，小刘就没有进一步追查原因。过几天后，小刘发现水的口感进一步变差，就咨询了净化器厂家。厂家上门察看得出结论，是净化器滤芯已经不具备过滤功能了，需要更换滤芯。而水质测试笔由于长时间使用后未进行校正，其测试结果不准确。本案例说明了监视测量的仪器须经校正才能提供真实有效的监视测量结果。

➡ 组织运行时常见失效点及可能的应对措施

常见失效点	可能的应对措施
组织未建立定期监视、测量、分析和评价的系统要求	组织应在合适的时机根据法规和自身特点建立起定期监视、测量、分析和评价的系统要求，如建设项目竣工验收时。在实施过程中要根据组织的变化动态调整监视、测量、分析和评价
组织建立的监视、测量、分析和评价程序未反映法规要求的变更	组织应当指派专人跟踪相关法律、法规、政策、导则、规范、标准等的更新，并采取多种形式向相关人员进行宣贯，最终由相关人员在监视、测量、分析和评价程序中反映出来
企业对自己应该执行具体的环境排放标准不清楚，委托检测时出现遗漏检测项目，或是标准应用不正确	整理公司所有的建设项目的环评及验收资料，查询出所有的环境污染物检测项目及具体标准，形成文件，便于执行

续表

常见失效点	可能的应对措施
环境因素的运行控制检查准则规定不具体，缺乏专业性，发现不了问题；检查流于形式	从法律法规中获得专业的要求，列为公司检查评价准则
监视和测量时，用于监视和测量的设备未经校准	组织应建立监视和测量设备的维护与校准程序，定期进行维护与校准
监视、测量、分析和评价的工作完成后，未按其合规义务的要求及其建立的信息交流过程	组织应采取多种方式对监视、测量、分析和评价的工作成果和环境绩效进行内部和外部的交流。内部交流可采取专题会、班组会议、宣传海报、通知、文件、邮件等多种方式。外部交流也可采用多种方式，如在媒体进行环境信息公示、向政府提交相关环境报告或资料、通过可持续发展报告或者企业社会责任报告发布环境信息、利用组织的发言人进行环境信息发布、参与各种交流会展示组织的环境绩效
监视、测量、分析和评价的工作完成后，文件化记录保存不当，造成记录丢失	组织应建立适当的记录保存程序，对记录进行定期分类保存，并对记录的保存时限进行强制性规定

最佳实践

1）根据环境目标、环境因素识别表、法规要求制定监视、测量、分析和评价的程序，如监视与测量方案、分析手册、评价手册等。

2）建立监视测量设备的维护与校正程序。

3）按照程序的要求，定期实施监测、测量、分析和评价。

4）针对关键绩效指标和关键特性指标，将监视测量和分析的结果与识别收集到的相关标准进行比对，对组织环境绩效和环境管理体系的有效性进行评价。

5）评价结果及时通过邮件或通知在内部广泛宣传，通过公报、可持续发展报告、企业社会责任报告对外公开。

6）监测、测量、分析和评价的程序应根据组织、外界环境或者法规的变化而动态调整。

➡ 管理工具包

《环境管理环境绩效评价指南》（GB/T 24031—2001）、环境管理与监测方案、环境影响评价。

26 合规性评价

➡ ISO 14001：2015 条款原文

9.1.2　合规性评价

组织应建立、实施并保持评价其合规义务履行状况所需的过程。

组织应：

a）确定实施合规性评价的频次；

b）评价合规性，需要时采取措施；

c）保持其合规状况的知识和对其合规状况的理解。

组织应保留文件化信息，作为合规性评价结果的证据。

➡ 条款解析

合规性评价是对条款6.1.3（合规义务）的延伸和审查，是对组织合规义务履行情况进行评价，确保合规义务履行到位、降低风险、抓住机遇的重要措施。

为了做好合规性评价，组织必须建立、实施并保持评价其合规义务履行状况所需的过程，明确合规性评价的职责、时间/时机、频次、方式方法、输入信息的要求、评价人员的能力、评价结果及其应用等。

标准要求组织“确定合规性评价的频次”。合规性评价的频次和时机可根据要求的重要性、运行条件的变化、合规义务的变化、具体合规义务的特点，以及组织以往绩效的变化而变化。

组织可使用多种方法保持其合规状态的知识和对其合规状况的理解。但所有合规义务均需要定期予以评价。

定期评价按照固定的时间间隔进行，由组织预先策划进行。定期评价可以一次性覆盖整个合规义务范围（如每年一次合规性评价），也可以按照组织关心的议题进行几次专项合规性评价，但保证在全年覆盖所有的合规义务，如每季度一次，但是覆盖不同的产品。

除了定期评价之外，组织还应当在以下时机触发应激式合规性评价：

1）组织的相关的活动、产品和服务范围发生重大变化，导致环境因素变化时；

2）有关法律法规和其他政策要求发生重大变更时；

3）受到环境行政主管部门的环境行政处罚或通报批评时；

4）相关方对公司环境表现提出强烈抱怨或投诉时；

5）管理体系审核出现严重不符合时；

6）发生重大环境事件、事故时；

7）同行业或同区域其他企业因同一环境违法事由被查处时；

8）发生其他足以影响企业需要进行合规性评价的事件时。

如果合规性评价结果表明不符合合规义务，组织应根据问题的性质和环境影响的严重性采取相应的纠正措施。当不符合的程度超过了轻微、暂时的偏差时，组织应建立由适宜指标和管理方案支持的、能够达到符合性的目标。可能需要与监管部门、相关方进行沟通，并就采取一系列措施满足法律法规要求或者相关方要求签订协议，协议一旦签订，则成为合规义务。

若不合规已通过环境管理体系过程予以识别并纠正，则不合规不必升级为不符合；与合规性相关的不符合，即使尚未导致实际的针对法律法规要求的不合规项，也需要予以纠正。

组织应保留文件化信息，作为合规性评价结果的证据，合规性的评价记录应反映出评价的时间、人员、输入信息、方式方法、评价结果等。

应用要点

1）合规性评价的输入应当全面、明确，并落实到具体条款，对具体条款的要求进行细化分解，与所识别和评价的环境因素和（重要）环境因素控制措施（环境目标指标管理方案、运行控制及应急准备与响应）衔接起来，以利于判断组织实际工作中的做法是否合规。

2）合规性评价应由负责合规性评价的职能部门牵头，与合规性评价相关的各业务部门和基层单位均应当参与。

3）应选取合适的人员进行合规性评价，相关人员应熟悉拟评价领域的合规要求，了解组织相关的活动、产品和服务的环境因素、（重要）环境因素控制措施（环境目标指标管理方案、运行控制及应急准备与响应），具备相关的评价技巧和判断、识别、分析和评估相关数据和信息的能力。

4）根据合规义务的具体特点合理确定评价方法，如对文件化信息进行评审、对设施设备的检查、巡视和（或）直接观察；面谈；对项目或工作的评审；常规样品分析或试验结果，和（或）验证取样/试验；活动、产品和服务监测测量的结果等。

5）应当对同一条款从多层面、多角度进行合规性分析、比较和判断，确保合规性评价准确、全面。

6. 合规性评价的结果（符合/不符合）应有客观证据加以证实。监测和测量的数据和结果为合规性评价的有效实施提供重要的输入信息。

7）合规性评价为条款9.3、10.1、10.2 和10.3 的实施和持续改进提供了重要的输入信息。

➡ 本条款存在的管理价值

1）合规性评价是组织对其适用的法律法规要求以及组织必须遵守或选择遵守的其他要求定期进行内部评价，及时发现问题、解决问题，实现合规运行的一种监控措施。

2）合规性评价能够帮助组织及时了解其自身的合规性状况，认识到潜在的或现实存在的不合规带来的风险，必要时采取适当的措施，确保符合适用的环境法律法规以及组织必须遵守或选择遵守的其他要求，满足组织的合规性承诺。

3）合规性评价有助于组织持续改进环境绩效，更好地回应相关方的需求和期望，提升组织的声誉，提高组织的运营业绩，消除未履行合规义务所产生的一系列问题，如法律后果（如行政处罚、法律诉讼）、环境后果（如超标污染物排放）、相关方后果（如组织的声誉）、业务后果（如招投标限制、合同续签、合同取消、赔偿）等。

➡ ISO 14001：2004 条款内容

4.5.2　合规性评价

4.5.2.1 为了履行遵守法律法规要求的承诺，组织应建立、实施并保持一个或多个程序，以定期评价对适用法律法规的遵守情况。

组织应保存对上述定期评价结果的记录。

4.5.2.2 组织应评价对其他要求的遵守情况。这可以和4.5.2.1 中所要求的评价一起进行，也可以另外制定程序，分别进行评价。

组织应保存上述定期评价结果的记录。

➡ 新旧版本差异分析

1）2004 版标准强调的是合规性评价的结果，而2015 版标准强调的是对合规性评价过程的控制，核心思想是通过控制过程保证结果的实现。因此，2015 版标准要求组织应确定合规性评价的频次和时机，要求组织主动控制合规性评价过程。

2）2004 版标准强调组织要定期进行合规性评价，但2015 版标准则强调合规性评价的频次和时机可根据要求的重要性、运行条件的变化、合规义务的变化，以及组织以往绩效的变化而变化，强调了组织应对变化的敏捷度。

3）2004 版标准仅对建立、实施并保持合规性评价提出了要求，2015 版标准增加了根据需要采取措施的规定，确保对不符合采取纠正和纠正措施，持续改进。

4）保持其合规状况的知识和对其合规状况的理解方面均提出了明确要求，说明标准要求组织保持对自身合规状况的全局认知。

➡ 转版注意事项

在转版时应当重点关注合规性评价的过程，合理确定评价频次和时机，同时增加根据需要采取措施的要求，确保对与合规性相关的不符合均予以纠正，持续改进和提升组织的合规性。

➡ 制造业运用案例

【正面案例】

某企业接到一笔世界“500 强”客户的订单，客户对供应商的环保合规性要求极高，组织了专业的审核组队伍进行供应商评审。审核组发现该企业的环境管理体系运行非常好，各项法律法规合规性完全符合，最终只是在现场检查发现少许一般不符合项，涉及合规的重大不符合项为零。

结束会议后，审核组在赞誉之余，了解到原来该企业早在两年前就已认识到环保合法合规的重要性，招聘了专职的 EHS 管理人员，替代之前由生产主管兼职的管理方式，并且每年还会聘请专业的第三方审核机构进行合规性审核，对厂内不符合法律法规的问题进行专项整改。

【负面案例】

某市开发区一机械工厂，已经运行 ISO 14000 体系近十年，管理模式成熟，每年进行两次合规性审核，以此查漏补缺，保证公司的法律法规合规性。今年公司发生一起危险废弃物泄漏事故，泄漏物从路面流进雨水管道，公司启动了应急预案，对泄漏进雨水管网的污染物进行清理。但在对雨水总排口进行封堵的时候，忽然发现公司的应急物资中配备的封堵气囊因年久老化，已漏气不能使用，最终导致少量污染物泄漏至厂外管网，被当地环保局处罚。

事后公司对事故进行总结时，发现应急预案中识别了地方环保局的要求，规定须对雨水总排口进行阀门式改造，日常阀门须处于关闭状态。但实际上公司为了节省费用，使用封堵气囊作为权宜之计替代，历次合规性评价时都认为已具备有效的替代措施，进而导致了此项失效。

➡ 服务业运用案例

【正面案例】

某餐馆地处居民聚集区，老板认真学习了《饮食业油烟排放标准》和《饮食服务业环境保护管理办法》，取得了环保审批同意，配套建设了油烟净化装置，设置了专用烟道。而隔壁餐饮店在一次环保监察中被认定属于“未取得环保审批同意擅自建设餐饮项目，在未配套建设油烟净化装置，以及无专用烟道往高空排放的情况下即投入营业，造成污染扰民”，故对其进行了停业整顿的处罚。老板因为履行了合规义务在这一次环保监察风暴中树立了竞争优势。

【负面案例】

一些企业被查处环境违法后仍不进行合规性评价、不改正违法行为，导致环保部门再次检查时发现违法行为仍未改正，将面临更严厉的处罚后果，还有可能被列入当地环境违法“黑名单”。

例如，2017 年 2 月 21 日，某县环保局会同省驻点执法组监察执法人员对某公司进行现场检查。2 月 22 日，县环保局委托市环境保护监测站对该公司锅炉尾气进行现场监测，确定该公司二氧化硫超标排放。3 月 1 日，县环保局对该公司下达《责令改正违法行为决定书》，责令其立即改正违法行为。3 月 8 日，县环保局对该公司下达《行政处罚决定书》，处以罚款 10 万元。3 月 28 日，县环保局对该公司环境违法行为的改正情况进行复查，经采样监测发现该公司违法行为仍未改正。随后，县环保局对该公司依法实施按日连续处罚，时间为 2017 年 3 月 2 日至 2017 年 3 月 28 日，共计 27 天，每日罚款数额为 10 万元，按日连续处罚总计罚款金额为 270 万元。

➡ 生活中运用案例

【正面案例】

坐火车和飞机必须持有有效证件，这个持有有效证件的要求就是合规要求，列车员和值机员复验有效证件的过程就是合规性评价。

【负面案例】

出境旅游必须持有效证件才能办理出入境手续（合规义务）。一日几家人一起出境旅游，过境的时候才发现，其中一个爸爸的通行证刚刚过期了十天（不合规），导致当天的旅游行程不得不调整（合规性评价未通过）。

➡ 组织运行时常见失效点及可能的应对措施

常见失效点	可能的应对措施
没有形成合规义务评价过程。有的没有建立程序，有的虽然有程序，但内容粗糙，不具有可操作性	建立和保持合规性评价过程并根据合规性评价经验持续改进该过程
合规义务识别有遗漏、不适应组织的业务特点和环境因素，导致合规性评价输入信息不全面、不准确，评价结果出现偏差	对合规义务识别过程进行有效策划和组织，根据组织的行业特点、环境因素、相关方的要求进行分类，结合组织内部职责分工、专业特长，确定法律法规识别的主责部门和参与部门，齐抓共管，形成适合组织的合规义务识别体系。具体可参照条款6.1.3的解析
只安排了定期合规性评价，或者定期合规性评价的时机安排不合理	定期评价应考虑组织不同活动、产品和服务的类型，不仅应考虑常规的活动、产品和服务的合规性评价的时间/时机，还应考虑非常规活动、产品和服务的合规性评价的时间/时机。 除了定期评价之外，组织还需要进行条件触发式合规性评价，具体条件参见上文
评价人员不具备合规性评价所需的能力，造成评价结果不可信	结合条款7.1.2建立合规性评价人员能力矩阵，并对人员的能力进行评定，必要时提供相关培训。 合规性评价人员应熟悉拟评价的领域的合规要求，了解组织相关的活动、产品和服务的环境因素、（重要）环境因素控制措施（环境目标指标管理方案、运行控制及应急准备与响应），具备相关的评价技巧和判断、识别、分析和评估相关数据和信息的能力。 为确保评价的准确性和有效性，评价小组成员应由企业内部各层级、各部门成员和企业外部聘请的法律顾问和专项管理领域对应的专家构成，企业内部各层级、各部门成员应按一定比例选取，确保各层反馈、公众参与

续表

常见失效点	可能的应对措施
一些组织对合规性评价不重视、不认真，开展合规性评价只是为了通过认证，仅提供组织履行了合规义务的简单报告	环境管理体系归口管理部门可以通过培训与宣传提高相关人员对合规性评价目的、意义的认识，认真严肃地对待这项工作，防止应付和走过场
一些组织的合规义务的各条评价结论均为“符合”，没有需要不符合或改进之处，合规性评价流于形式、没有客观证据支持	增加要求合规性评价的每一个条款提供客观证据加以佐证
合规性评价记录、结果收集、保存不够全面，甚至不能提供	组织应事先策划合规性评价报告的格式、所需的记录清单等，以便不产生遗漏
部分组织只注重不合规问题的整改，没有进行系统性分析，没有关注纠正、预防措施的制定与实施	合规性评价过程规定组织在合规性评价结束后应采取纠正和纠正措施，并对措施实施情况进行跟踪，验证措施的有效性，确保实现履行合规性义务的承诺

➡ 最佳实践

1）在进行合规性评价时，将需要进行评价的合规性要求与环境因素、（重要）环境因素控制措施（环境目标指标管理方案、运行控制及应急准备与响应）结合起来；

2）建立合规性评价表，逐条列出，并动态更新；

3）对每一条需要进行评价的合规性要求进行适当分解成若干子条款，以防条款内容庞杂，一部分要求符合，一部分内容不符合，不便于评价；

4）根据合规性要求的不同和职责分工，确定每一条款合规性评价的主责部门和配合部门；

5）通过建立分层次、分项目和分部门的评价方式等多种方式进行合规性评价，并由体系管理部门进行综合性评价；

6）建立合规性评价组，各个职能、层次的人员以结合的方式开展合规性评价工作；

7）对每一条款规定合规性评价的评价方式方法、评价标准和需要收集的证据及其类型；

8）把从各种途径渠道了解到的证据进行交叉印证，对相关证据进行收集、分析、比较和判断，深入挖掘信息，查找存在问题。

➡ 管理工具包

合规义务清单、合规性评价表。

27 内部审核

ISO 14001：2015 条款原文

9.2　内部审核

9.2.1　总则

组织应按计划的时间间隔实施内部审核，以提供下列关于环境管理体系的信息：

a）是否符合：

1）组织自身环境管理体系的要求；

2）本标准的要求。

b）是否得到了有效的实施和保持。

条款解析

内部审核也称为第一方审核，以组织内部的名义进行，审核的对象是组织自身的环境管理体系，其目的是按照标准的要求从客观公正的角度收集和获取环境管理体系运行的绩效信息，以证实组织环境管理体系运行是否得到了有效实施和保持，并作为组织环境管理体系符合 ISO 14001：2015 要求的证据之一。

内部审核的目的包括两点：

1）组织环境管理运行状态是否符合组织自身环境管理体系策划的要求以及 ISO 14001：2015 的要求。

2）环境管理体系是否得到了真正的实施以确保有效性，并能保持持续的更新管理。

标准中提及的“按计划的时间间隔”，这个时间间隔是由组织自行决定的，可以一年审核几次，也可以用一年的时间分几次把内部审核全部完成。

应用要点

1）确保按照组织策划的时间间隔进行内部审核。

2）内部审核要特别关注被审核人员对体系的执行力，没有执行力再美好的策划也会付之东流。执行力审核就是对全员贯彻管理标准状态的符合性审核，是内审的第一要务；同时，运行体系的核心目的是帮助企业的环境管理水平走上新台阶，所以有效性审核就是内审的第二要务。

➡ 本条款存在的管理价值

如果说条款9.1是关键能力的监测，条款9.2就是系统能力的监测，而内审员通常也被称为组织的环境管理体系的“家庭医生”，是一个懂流程、懂标准、懂纪律的管理团队。他们平时的岗位也许只是组织的一名普通员工，但是一旦进入审核状态，他们就是组织高管层的“御林军”。内审的监察结果将直接成为高管层决策的依据，所以培养一支强有力的内审员团队对组织的运营将会是事半功倍。

➡ ISO 14001：2004 条款内容

4.5.5　内部审核

组织应确保按照计划的间隔对环境管理体系进行内部审核。目的是：

a）判定环境管理体系：

1）是否符合组织对环境管理工作的预定安排和本标准的要求；

2）是否得到了恰当的实施和保持。

b）向管理者报告审核结果。

组织应策划、制定、实施并保持一个或多个审核方案，此时，应考虑到相关运行的环境重要性和以往审核的结果。

应建立、实施并保持一个或多个审核程序，用来规定：

——策划和实施审核及报告审核结果，保存相关记录的职责和要求；

——审核准则、范围、频次和方法。

审核员的选择和审核的实施均应确保审核过程的客观性和公正性。

➡ 新旧版本差异分析

2015版标准将2004版标准的条款4.5.5（内部审核）分成了两个条款：条款9.2.1（总则）和条款9.2.2（内部审核），但是核心要求没有本质变化。

➡ 转版注意事项

转版时不需做文件修改或者追加工作，但是内审员资质需要由旧版更新为新版。

➡ 制造业运用案例

【正面案例】

某塑胶制品公司按照2017年编制的“年度内部审核计划”，8月对管理层、综合部（含环保科）、制造部、设备科、技术部、品保部、销售部、物控部进行了集中式审核，内审前也和所有审核员再次强调执行力审核的严肃性。同时，体系负责人还将当年已经发生或将要发生的各种情境向审核员们进行了交代，提醒大家关注当前管理要求的适宜性，以期找到更好的管理方法来助力组织业务运行能力的提升。但在9月，综合部环保科废水处理站突然发生了COD超标控制不到位的问题，于是品保部立刻启动追加内审，只针对环保科管辖的业务以及相关业务连接点。追审的结果发现了在新员工培训上不足的缺陷，然后立刻整改并和人力资源部沟通，有效实现了系统修正，充分体现了基于内审能力的体系价值。

【负面案例】

某五金制品有限公司按照“年度内审计划”在8月已经完成了集中式审核。9月生产部突然出现了多台关键设备停机的情况，生产部经理申请对设备管理业务进行一次专项审核，但是质保部的领导认为内审已经完成，明年再说，所以拒绝了生产部经理的申请。

➡ 服务业运用案例

【正面案例】

某医院按照“年度审核计划”在6月已经完成了全部科室的集中式审核，在8月，他们对如下科室（采购科、急诊科、内科、外科、五官科、太平间）又进行了二次审核，并特别关注合规性要求的执行情况，如医疗废弃物收集和处理规定、死亡鉴定和证明规定等，同时也就管理体系运行有效性进行了关注。

【负面案例】

某酒店行业的环境因素（废水、废气、固体废物等）造成了一定的环境影响，在安排内审的“年度审核计划”时，却只对总经理、住房部、餐饮部、办公室、业务部考虑了审核其环境因素、运行、服务等的绩效表现，而忽略了酒店内合作的副食品小卖部、高档用品展示厅、毛巾床单洗涤、剩菜饭（潲水）回收的合作方的审核监控。

➡ 生活中运用案例

【正面案例】

小丽是个管家能手，每年把自己家的小日子策划和管理得有滋有味。小丽的管理秘诀就是每年在年初制定家庭计划，然后如果无大事，就每季度回顾一下家庭运行状况，如果有大事或者出现了异常情况，小丽就会复查原计划是否出现策划问题，或者是否家庭成员没有按照约定的规则去消费或活动等，总之，小丽就是在这种执行力监测、边控制边调整状态下，让家庭生活过得宽宽松松、快快乐乐。

【负面案例】

小晶是一个随性的女孩子，大学毕业后和父母住一起，吃住不花钱但仍属于月欠族，经常是入不敷出。究其原因：①没有消费计划；②消费时经常是失去理智，花完钱就后悔；③从不反思自己消费习惯中存在的风险；④对自己的常立志不以为然。

➡ 组织运行时常见失效点及可能的应对措施

常见失效点	可能的应对措施
组织没有按照计划的时间间隔进行内审	虽然分毫不差地执行计划可能没有必要，但过分偏离就会有管理风险，因为计划的时间间隔是在充分考虑的情况下策划的。组织在没有合理原因的情况下应该按照内审方案中确定的时间频次组织内审
内审时只审核文件，没有现场审核文件的要求是否被有效实施和运行	内审方案中应当合理安排文件审核、现场审核的时间，同时内审组长要灵活把握文件审核时间，避免组员们把大量时间花在文件审核上
内审时只按照组织管理体系文件进行审核，没有对体系对本标准的符合性进行评审	内审方案中的评审准则要明确标识：本组织的管理要求、环境管理体系标准、合规要求等

➡ 最佳实践

1）某公司运用组织自定的管理要求进行内审团队的组建。自定要求有内审员素质矩阵表、内审员评定准则，内审员日常管理规范、内审员考核规则、内审奖励办法、内审员晋升机制等，并规定没有内审员资质的员工不得竞选组织中层。

2）内审计划是动态策划，一年内既安排集中式审核，又安排重点环节复审，必要时还进行应激式情境审核。用动态的审核设计来为组织运行的有效性保驾护航。

➡ 管理工具包

乌龟图、审核计划、内部审核检查清单、内部报告。

28 内部审核方案

➡ ISO 14001：2015 条款原文

9.2.2 内部审核方案

组织应建立、实施并保持一个或多个内部审核方案，包括实施审核的频次、方法、职责、策划要求和内部审核报告。

建立内部审核方案时，组织必须考虑相关过程的环境重要性，影响组织的变化以及以往审核的结果。

组织应：

a）规定每次审核的准则和范围；

b）选择审核员并实施审核，确保审核过程的客观性与公正性；

c）确保向相关管理者报告审核结果。

组织应保留文件化信息，作为审核方案实施和审核结果的证据。

➡ 条款解析

1）标准要求组织应建立、实施和保持一个或多个内部审核方案。编制内部审核方案与编制任何计划的原则是一样的，要满足“5W1H”原则。

审核方案应当包括实施审核的频次（When）、方法（How）、职责（Who）、策划要求（Why、What、Where）和内部审核报告。审核方案解析如下：

①内部审核的频次由组织自行决定，如年度、季度、月度等。

②审核方法是通过什么方式进行审核，包括但不限于文件审核、现场访谈、现场观察、抽样调查等。

③审核职责包括审核小组成员组成以及各个组员的职责，审核小组可以包括内审组组长、内审员、被审核部门协调员等角色。而且只要可行，内审员均应当独立于被审核的活动。

策划要求中应当阐述内审的目的、范围、准则以及活动计划等，详细程度应确保内审可以按照策划的方案进行。

④内部审核报告应包括内审目的、计划、人员安排、不符合项等审核结果。内审组组长应当向相关管理者报告内审结果，尤其是审核中发现的不满足合规要求的不符

合项。

2）组织在建立内部审核方案时必须考虑相关过程的环境重要性、影响组织的变化以及以往审核的结果。

①相关过程的环境重要性。虽然要求内审方案最终应当覆盖标准的所有要素，但是内审并不是对与组织的产品、活动或服务有关的过程均匀用力，而是要重点审核哪些过程对环境影响大。

②影响组织的变化。组织的内外部情境不断变化，其中某些变化必然会影响组织环境管理体系的运行。组织应当敏捷地应对这些变化，适当时采取措施。因此，内审组应当关注组织是否识别和评估可能影响组织的变化，是否对那些影响组织的变化策划了应对措施，措施是否落实到位。

③以往审核的结果可以包括以往内部审核报告、外部审核报告、第二方审核报告、政府检查报告及其整改记录等。

3）标准要求保留文件化信息作为审核证据，如审核计划、审核时间表、完整的内部审核检查表、审核报告、整改报告以及整改证据、审核员能力证明等。

➡ 应用要点

组织自身按照策划实施审核的频次进行内部审核，对于这个时间的规定并没有明确，但是一般要求全年要覆盖全部要素。

只要可行，内审人员应当独立于被审核的活动，并应当在任何情况下均以不带偏见、不带利益冲突的方式进行审核，以证实独立性。

内审的结果可以以报告的形式提供，报告可以用于核证以及纠正或者预防某些不符合，或者达到内审方案目标，以及为管理评审提供输入。除了内部审核报告之外，内部审核还要保留文件化信息作为审核方案实施和审核结果的证据，包括批准的内审方案、内部审核清单记录、内审时发现的不符合项的现场照片等。

内审方案作为变更管理的一部分，组织应当处理计划内和计划外的变更，以确保这些变更的非预期结果不对环境管理体系的方针、目标等预期结果产生负面影响。

➡ 本条款存在的管理价值

本条款为组织的内审给出了指导原则，确保组织策划的内审过程满足本标准的要求，确保内审的有效性和结果的可靠性。如果组织的内审方案不合理，很可能造成内审只是热热闹闹的“一台戏”，要么内审范围覆盖不全，对组织的环境绩效认识不全面；要么内审技巧不够，不能发现体系运行的真正症结，找不到组织环境管理体系改进的机会。这些内审中常常产生的问题伤害了环境管理体系的严肃性和权威性。因此，本条款对于组织策划成功的内审非常重要。

➡ ISO 14001：2004 条款内容

4.5.5　内部审核

组织应确保按照计划的间隔对环境管理体系进行内部审核。目的是：

a）判定环境管理体系：

1）是否符合组织对环境管理工作的预定安排和本标准的要求；

2）是否得到了恰当的实施和保持。

b）向管理者报告审核结果。

组织应策划、制定、实施并保持一个或多个审核方案，此时，应考虑到相关运行的环境重要性和以往审核的结果。

应建立、实施并保持一个或多个审核程序，用来规定

——策划和实施审核及报告审核结果，保存相关记录的职责和要求；

——审核准则、范围、频次和方法。

审核员的选择和审核的实施均应确保审核过程的客观性和公正性。

➡ 新旧版本差异分析

没有变化。

➡ 转版注意事项

从体系文件记录上可以不做任何改变。如果组织使用检查表形式实施内部审核，需要在检查表里增加 2015 版标准新增的内容，如风险管理、变更管理、生命周期等。

➡ 制造业运用案例

【正面案例】

某塑胶制品公司 2017 年编制的“年度内部审核计划”8 月对管理层、综合部（含环保科）、制造部、设备科、技术部、品保部、销售部、物控部进行集中式审核安排，内审计划将在一年内把涉及环境管理的个人、区域和部门全部审核完成。考虑到综合部环保科废水处理站前年发生过 COD 超标控制不到位的重要问题，本次给予重点审核关注。同时，对涉及环境管理的主要或重要部门如设备管理、生产、环境监察部门投入更多内审时间。在判断有效性方面内审时也关注环保政策要求、相关方和风险落实

与管控的实际数据和结果。

【负面案例】

某五金制品有限公司在策划“年度内审计划”时将技术部、生产部、质控部、行政部在固定时间内集中式审核完成，在时间上安排计划只考虑满足外部审核符合性，对涉及环境管理的主要或重要部门，如设备管理、环境监察部门、业务部门、管理层没有考虑进去。在有效性方面进行内审安排时也未关注覆盖环保政策要求、相关方和风险落实是否符合标准条款；查出不符合问题只有短期纠正，而没有纠正措施去预防问题再发生。

➡ 服务业运用案例

【正面案例】

某医院“年度审核计划”在安排内审方面分别对院长、副院长、院办公室、院党委、财务科、采购科、急诊科、内科、外科、五官科等科室进行了策划，特别关注其环境因素、运行、服务的全面绩效表现，体现了以医疗行业特点和医疗环境影响为核心，在“点线面”上进行有效策划。同时充分考虑医疗行业环境法律法规，如医疗废弃物收集和处理规定、死亡鉴定和证明规定等，在实际运作等方面审核中考虑了是否在满足标准要求的同时达到环境管控有效性数据的分析能力。

【负面案例】

某酒店行业的环境因素（废水、废气、固体废物等）造成了一定的环境影响，在安排内审方面，“年度审核计划”只对总经理、住房部、餐饮部、办公室、业务部考虑了其环境因素、运行、服务等的绩效表现，而对酒店合作的副食品小卖部、高档用品展示厅、毛巾床单洗涤合作方、剩菜饭（潲水）回收等合作方未做审核安排。

➡ 生活中运用案例

【正面案例】

生活中人们常会安排体检，有时人体可能会有某些器官会特别不舒服，因此体检时不仅会实施大体检（常规检查项），同时对问题部位也会进行更细化的检查。

【负面案例】

体检时只实施了大体检（常规检查项），对于问题部位并没有给予重点关注。

➡ 组织运行时常见失效点及可能的应对措施

常见失效点	可能的应对措施
审核的范围覆盖不全面	制定审核计划时多方评审，确保覆盖所有的标准要素和组织环境管理体系运作的所有过程、活动。 建立内部审核检查清单，每次内审时对照清单逐项检查
受审核部门负责人不知道审核发现内容	在启动会议上，与受审部门负责人沟通审核计划；在审核闭幕会议上，与受审部门确认审核发现内容
内审员水平不够，对体系知识的了解认知也不够，缺乏经验，导致审核时不能发现实质性问题，使审核失去意义	为内审员提供培训，或者请具备资格和有丰富经验的行业咨询师进行培训和指导
内审方案未能重点体现组织情境、相关方和环境风险管理的审核内容	策划内审方案时按照2015版标准重点考虑组织情境、相关方和环境风险管理的核查内容
不能充分体现内审有效实施的证据	保留全部与内审相关的记录

➡ 最佳实践

某集团公司先通过文件化要求，将每年的内审准则、覆盖范围、内审关注维度、内审员能力要求等都圈定下来，确保内审计划的编制和人员的任用不会由于体系负责人的更换而造成大的偏离。每年内审前，还要就组织面临的条款4.1、4.2、6.1的输出内容先对内审员进行培训和沟通，并在标准化检查单上做重要度标识，以提醒审核过程中给予时间和抽样的侧重。末次会议每年都由集团质量部部长亲自主持，并且在会议上就确定下来不符合项的领取部门，然后质量部进入跟踪监控，最后的改善效果作为各部门年度绩效测评的输入之一。

➡ 管理工具包

《管理体系审核指南》（GB/T 19011—2013）、抽样检查、现场检查、现场访谈。

29 管理评审

➡ ISO 14001：2015 条款原文

9.3　管理评审

最高管理者应按计划的时间间隔对组织的环境管理体系进行评审，以确保其持续的适宜性、充分性和有效性。

管理评审应包括对下列事项的考虑：

a）以往管理评审所采取措施的状况；

b）以下方面的变化：

1）与环境管理体系相关的内外部问题；

2）相关方的需求和期望，包括合规义务；

3）其重要环境因素；

4）风险和机遇。

c）环境目标的实现程度；

d）组织环境绩效方面的信息，包括以下方面的趋势：

1）不符合和纠正措施；

2）监视和测量的结果；

3）其合规义务的履行情况；

4）审核结果。

e）资源的充分性；

f）来自相关方的有关信息交流，包括抱怨；

g）持续改进的机会。

管理评审的输出应包括：

——对环境管理体系的持续适宜性、充分性和有效性的结论；

——与持续改进机会相关的决策；

——与环境管理体系变更的任何需求相关的决策，包括资源；

——如需要，环境目标未实现时采取的措施；

——如需要，改进环境管理体系与其他业务过程融合的机会；

——任何与组织战略方向相关的结论。

组织应保留文件化信息，作为管理评审结果的证据。

➡ 条款解析

标准中提及的“按计划的时间间隔”，由组织自行决定。组织可以决定何时评审，可以决定一年评审几次，也可以决定用一年的时间分几次把管理评审需要讨论的问题全部覆盖。在管理评审前需要考虑收集以下资料：

a）以往管理评审所采取措施是否被实施、有效性如何。这样做的目的是检查组织是否有自我纠错能力、持续改进能力，也同时重新梳理出组织目前站在何处。

b）管理评审需要考虑组织所处的情境，这里要结合本标准的条款 4.1、4.2、6.1.1、6.1.2、6.1.3 的输出。

c）环境目标的实现程度。在实际操作中应当结合条款 9.1.1、9.1.2 的输出对条款 6.2 环境目标及其实现的策划的输出进行评审，寻找差距提出改进点。

d）环境绩效的信息跟踪。这是为了整体了解组织的环境绩效，包括不符合项的提出和纠正措施的实施、监视和测量的结果、合规性的履行、审核结果。这些行为都是通过对监测效果的验证来评审环境绩效的达标情况。

e）资源的充分性。最高管理者掌握着资源，管理评审是最高管理者在资源配置方面进行集体讨论和决策的恰当的时机。组织在可持续发展过程中，一旦资源出现问题，很多的设想都可能付之东流。

f）关注来自相关方的信息交流，包括正面和负面的信息。知道组织所处的情境状态，对组织的管理决策正确出台益处多多。

g）持续改进的机会。借由管理评审时机，最高管理层可充分讨论，寻找组织改善的机会，进一步增强竞争优势。

管理评审的输出包括结论、决策、行动三个部分。结论含最高管理者对于环境管理体系的持续适宜性、充分性和有效性的结论，以及任何与组织战略方向相关的结论。而决策主要包括与持续改进相关的决策，与体系变更相关。行动主要指为了目标实现可靠度而实施的各种措施，以及管理体系与业务融合过程中可能增加的活动。

2015 版标准管理评审的输出体现了战略环境管理思维以及环境管理融入组织业务流程的思维。

最后，管理评审的结果需要保留文件化信息，便于跟踪，也可作为组织符合性的证据。

➡ 应用要点

1）管理评审应按组织确定的时间间隔举行，一般在内审结束后实施，这样可以同步将审核结果的内容输入完整。

2）管理评审可以单独举行，也可以和其他最高管理者的例行活动整合举行，如每年举行的年度预算和计划会议、环保安全委员会的例会等。

3）管理评审应覆盖组织环境管理体系范围内组织活动、产品或者服务的环境因素。

4）最高管理者可以决定谁来参加管理评审会，如可以邀请环境管理人员、关键业务部门领导等参加管理评审会。

5）环境绩效可以与其他商业绩效一同评估，以便最高管理者决定如何平衡各个业务块的优先性排序和资源配置。

6）组织的管理评审应保留以下文件化信息作为管理评审结果的证据：会议日程、参会者名单、会议资料，以及以会议纪要、管理评审报告或者跟踪系统等为载体的管理者决议。

➡ 本条款存在的管理价值

如果说条款9.1是关键能力的监测，条款9.2就是系统能力的监测，而条款9.3则是对组织可持续发展能力的监测。本条款要求由组织的最高管理者来实施，也就是要求最高管理者必须在环境管理体系运行中充分发挥领导作用，主动关注环境绩效状态，从而从更高的角度、基于业务的全局层面来对环境管理体系推行进行有效决策。

➡ ISO 14001：2004版标准内容

4.6 管理评审

最高管理者应按计划的时间间隔，对组织的环境管理体系进行评审，以确保其持续适宜性、充分性和有效性。评审应包括评价改进的机会和对环境管理体系进行修改的需求，包括环境方针、环境目标和指标的修改需求。应保存管理评审记录。

管理评审的输入应包括：

a）内部审核和合规性评价的结果；

b）来自外部相关方的交流信息，包括抱怨；

c）组织的环境绩效；

d）目标和指标的实现程度；

e）纠正和预防措施的状况；

f）以前管理评审的后续措施；

g）客观环境的变化，包括与组织环境因素有关的法律法规和其他要求的发展变化；

h）改进建议。

管理评审的输出应包括为实现持续改进的承诺而作出的，与环境方针、目标、指标以及其他环境管理体系要素的修改有关的决策和行动。

➡ 新旧版本差异分析

新旧版本管理评审的输入和输出内容不同，但逻辑相同。

➡ 转版注意事项

管理评审的运行方法不用变化，但是管理评审要评审的内容需要更新。如果组织已经有文件化的“管理评审程序”，需要按照2015版标准的输入输出更新内部的描述内容。

➡ 制造业运用案例

【正面案例】

某水泥企业每年年底预算会议时一同召开环境管理体系管理评审会。管理评审会上，环保经理在汇报了相关资料之后又补充说，该企业在一个星期前的内部审核时发现过去半年锅炉烟气处理装置处理效果不稳定，在高峰时段二氧化硫排放浓度接近排放最高排放限值，很容易导致罚款，也会影响排污许可证的申请，最终将影响企业的生产。建议明年考虑对锅炉烟气处理装置进行升级改造。与会领导经过讨论，决定将锅炉烟气处理装置升级改造项目列入预算，环保经理、技术经理以及采购经理负责在两个星期内粗估预算，并在公司内立项。这个管理评审的输出就印证了其中的资源决策部分。

【负面案例】

某机械加工企业召开环境管理体系管理评审会。总经理认为环保的事与采购总监没什么关系，就没邀请他参加。会议中间讨论，在最近环保风暴中同行业有些公司由于供应商被环保局关停，造成原材料供应紧张。为了预防类似风险，EHS总监建议审核供应商的环境绩效，但是采购总监不在，无法进行有效讨论，这个议题只能另外择期进行。

➡ 服务业运用案例

【正面案例】

某酒店在管理评审会议上，设备部经理报告今年年初因生活污水排入管网 COD 浓度超标被环保局罚款之事，申请购置水处理设备，但财务部门因为预算问题一直没有同意。酒店总经理听取了这个汇报后，认为在环保风暴下购置水处理设备更优先，于是在管理评审会议上与各级高管充分沟通，最后确定追加预算，购置设备。

【负面案例】

某工业园区污水处理厂管理评审会议上，客户经理和环保经理汇报说，工业园区内总有一些企业的污水预处理设备出现故障，直接用槽车将高浓度有机废水拉到污水处理厂要求处理，但是这些污水远远超出了公司处理的能力，万一接收下来，很容易造成污水超标排放。目前一致不接受。

总经理一听就生气了，说我们厂本身就吃不饱，不能把送上门的钱往出推，以后都要收下来。客户经理、环保经理一看也不好再说什么。结果后续该污水处理厂由于接收高浓度废水，真地导致污水超标排放，不仅被环保局处以行政罚款，还被公安局立案调查。

➡ 生活中运用案例

【正面案例】

中学推行环境保护教育。中学生处于成长叛逆期，如果强行推进，不仅无益而且会引发学生的反感。为此，校长在总结环境教育推进会议上专门邀请了不同年级的班级代表一同讨论学校的环境管理方式。学生们各抒己见，有的提出增加垃圾箱放置点、有的提出制作卡通形状的环保宣传牌佩戴在书包上……这些建议得到了校长和老师们的一致同意和支持，校园环境管理风貌也因这个会议的有效开展改善很多。

【负面案例】

家长在日常生活中就不关注环保问题，在自身的行为上也常常作出有损环境的事情，甚至有时当孩子反过来教育家长时，家长还讽刺孩子是假正经。因此，每每在讨论环境友好行为议题时，家里就会争吵不休。

组织运行时常见失效点及可能的应对措施

常见失效点	可能的应对措施
管理评审中没有考虑组织的内外部问题、相关方要求、风险与机遇。例如，对于国家当前的环保力度加大的情况，没能进行风险的评估	管理评审会议的组织者应当在策划会议时，按照本条款的要求准备会议材料和议程，并提醒相关汇报人准备相关材料
无论发生了多大的环境事件，组织一样定期实施管理评审，不能与情境保持敏捷联动	管理评审是组织的可持续能力监测，应该是按照策划的时间间隔，并且一定应该与情境相适宜的开展。教条的执行规定好的时间，只会让组织的环境风险被放大。所以一定要有敏捷力，适宜时开展
最高领导者认为管理评审就是走过场，不认真对待	在转版时对管理层进行体系价值培训，使最高管理者了解管理评审会对于组织持续改进的价值
参加人员不全面，无法作出有效的决策	原则上管理评审会议的参与者应当包括其他最高管理者会议（如经理例会、安全生产委员会例会）的参会者大致相同，根据讨论内容的需求，还可邀请其他专业技术人员参加

最佳实践

为了实现更有效率的管理评审，组织建立管理评审第二支队，在评审前进行一次审核及会议。该支队由人事、法务、财务、销售、制造、研发及技术部门的主力构成，同时形成审核小分队，在管理评审会议前提前进行信息交流，同时形成初步建议后上会，不仅提高会议效率，也能有效保证会议决议落地概率高。

管理工具包

头脑风暴、SWOT 分析、罗伯特议事规则。

30 改　进

ISO 14001：2015 条款原文

10　改进

10.1　总则

组织应确定改进的机会（见9.1、9.2和9.3），并实施必要的措施，以实现其环境管理体系的预期结果。

条款解析

改进是有效的环境管理体系的核心。

本条款是改进的总则条款，概括了改进的路径。

首先，组织应当从以下方面识别组织改进的机会：

——与环境绩效和合规义务符合性相关的监测、测量、分析和评价。

——各类环境管理体系审核，包括内部审核、外部审核、相关方审核等。

——管理评审。

综上所述，9.1、9.2和9.3的输出是持续改进的输入。

其次，为了实现环境管理体系的预期结果，组织应当采取必要的措施去识别改进的机会，包括控制和纠正不符合，通过持续改善环境管理体系的适宜性、充分性和有效性来提升环境绩效、突破性变革、创新和重组等方式。

应用要点

组织在执行各项改进活动时，各项活动应当得到有效的分析和评价，从而确定其改进的风险和机遇所采取的措施，以确保其过程、方法符合合规义务，并且输出的绩效或结果具有可监视、测量的作用，从而来验证其改进措施是否达到预期的改进结果。

注：合规义务可能会给组织带来风险和机遇。

组织应将所有的改进结果作为管理评审的项目内容之一，保留必要的文件化信息，作为其信息交流的证据。

要特别注意的是“合规义务”“风险和机遇”，合规义务不仅包括法律法规，还包括相关方的需求和期望；而风险和机遇的分析和评价可以让组织更好地去发现内在的不足与缺陷，并及时采取有效的纠正措施、更好地把握给予带来的机遇。

建议组织采用充分、适宜、有效的途径完善组织的改进，并且应当对改进所执行的活动进行监视、测量和评价：

1）通过研讨会、调查，组织培训、同时按新标准的要求和应用，对组织环境重新进行分析、评价和改进；

2）通过对正面、负面案例、实例的分享来提升组织的进一步优化和改进。

➡ 本条款存在的管理价值

对环境管理体系的持续改进可以让组织节约成本、减少浪费、减少环境责任事故、降低风险、促进组织形象、增加社会责任感、让管理体系不会僵化。它赋予环境管理体系以动态的生命活力。

➡ ISO 14001：2004 条款内容

2004 版标准无此项要求。

➡ 新旧版本差异分析

2004 版标准没有本条款。本条款是 2015 版标准的新条款，条款的结构与 2015 版质量管理体系标准相一致。本条款的推行，让环境管理体系有了很大转变，不仅重视纠正和预防不符合，而更加重视持续改进的机会，这是战略环境管理思维的体现。

➡ 转版注意事项

转版时可以不对文件或者记录进行追加，但是组织在进行环境管理体系改进活动时，应当加强改进的意识建设。建议借助转版时机，实施全员 2015 版标准培训。

➡ 制造业运用案例

【正面案例】

某纺织制造企业，公司 EHS 检查人员发现生产车间 2B3A 水槽排放水的标准值超标。检测人员立刻告知责任人并要求停止排放；然后展开原因调查、追溯，同时进行全部排查，确认其他位置的水槽排放是否也存在标准值超标现象，防止后续有类似的事件再发生。

【负面案例】

某民营冲压工厂生产噪声排放超标，已受到当地环保局处罚。但该厂体系负责人收到处罚通知后只去交完罚款，却根本没有进行改善。

➡ 服务业运用案例

【正面案例】

某旅游服务公司为了维持其管理的区域海边沙滩环境始终清洁，不仅在适当的区域安放垃圾回收箱，并积极做好各种宣传标识、增加指引标识；同时对自己的管理人员和各类导游进行培训、安排责任人到现场进行监督维护。

【负面案例】

某餐饮公司的厨余垃圾直接倒放在路口的垃圾回收箱，没有按市容管理要求进行处置，城市管理单位对该餐饮公司进行通报处罚，责令要求其进行整改，对厨余垃圾要按规定回收处理。该餐馆遭到处罚后，只是将厨余垃圾运到离餐馆更远的垃圾回收箱，结果再次被城管发现，被罚款。

➡ 生活中运用案例

【正面案例】

某生活小区绿化区浇水频繁，使用人工浇水管不仅漏水，回收整理水管的时间也较长。该生活小区采用以下改进措施：建设自动喷淋系统，在规定时间浇水，设定专人管理，减少水的浪费、节约回收水管的时间，提高效率。

【负面案例】

某生活超市顾客饮用后的玻璃饮料瓶、酒瓶未按规定回收，随意堆放在店铺周边。周边居民向该超市负责人反映了几次，但是该超市负责人并没有采取有效的措施防止垃圾继续堆放在店铺周围。最后周边居民忍无可忍，投诉至城管，城管对该生活超市进行了通报处理，并责令要求其进行整改，要求对生活垃圾要按规定回收处理，并加强环保意识。

➡ 组织运行时常见失效点及可能的应对措施

常见失效点	可能的应对措施
有纠正的改进措施计划，没有实际的执行记录或对改进措施进行跟踪验证，以确保改进过程有效	组织改进应当对持续改进的计划、改进活动执行时给予监视和测量，并对该改进活动进行验证和评价

续表

常见失效点	可能的应对措施
改进了一部分不符合事项，其他不符合未得到有效改进	在条款9.1、9.2、9.3的相关过程中规定为改进过程提供输入，与改进过程联动管理。改进过程应按照标准要求寻求改进机会，避免遗漏
只关注了持续改进，忽略了创新/变革可能带来的改进	在实施改进环节时要时刻结合条款4.1和4.2的信息输出

➡ 最佳实践

某集团公司在其企业文化、管理程序或制度中就规定了对环境管理体系要有改进的要求，如建立改进小组、推行改进（改善提案）活动，结合企业的现状开展改进活动；并且对有效改进实施奖励政策特别鼓励运用突破性变革、创新等方式来执行的改进，并每年将改进成果编辑成书作为员工培训教材。

➡ 管理工具包

精益六西格玛所有工具包、APQP/PPAP/TOC/TRIZ 理论等。

31 不符合和纠正措施

➡ ISO 14001：2015 条款原文

10.2　不符合和纠正措施

发生不符合时，组织应：

a）对不符合作出响应，适用时：

1）采取措施控制并纠正不符合；

2）处理后果，包括减轻不利的环境影响。

b）通过以下活动评价消除不符合原因的措施需求，以防止不符合再次发生或在其他地方发生：

1）评审不符合；

2）确定不符合的原因；

3）确定是否存在或是否可能发生类似的不符合。

c）实施任何所需的措施；

d）评审所采取的任何纠正措施的有效性；

e）必要时，对环境管理体系进行变更。

纠正措施应与所发生的不符合造成影响（包括环境影响）的重要程度相适应。

组织应保留文件化信息作为下列事项的证据：

——不符合的性质和所采取的任何后续措施；

——任何纠正的措施的结果。

➡ 条款解析

组织在环境管理体系运行当中，通过监视和测量、合规性评价、内部审核和管理评审等各种途径，识别和确定不符合事项进行纠正，建立、实施和保持纠正措施的过程。

➡ 应用要点

当不符合发生时，组织应开展六个方面的工作，即对不符合作出响应、评价纠正措施需求、实施纠正措施、评审纠正措施效果、变更环境管理体系（必要时）、保留纠正措施和实施结果的证据。具体这六个方面的工作应如何开展，如下文所示。

（1）对不符合作出响应

Why 响应：若不响应，不符合会从广度和深度上对环境继续造成危害，甚至危及组织财产、人体健康甚至生命。

Who 响应：不符合的发现者按照程序逐级上报不符合，接到不符合的人员按照组织环境管理体系的职责、分工，对号入座，若存在疑义由环境管理体系部门裁定，甚至上升至主管领导裁定。

When 响应：发现不符合时。

Where 响应：不符合存在的环节或地方。

响应 What：纠正不符合和处理导致的后果。

How 响应：按照不符合事实项所隶属环境管理体系对应的相关制度。

（2）评价纠正措施需求

Why 评价：若不评价，可能会导致一些性质严重的不符合得不到根治，不符合重复发生；或者导致简单的问题复杂化，反而给企业带来负担。

Who 评价：将不符合划为三等（轻度、一般、严重），分别由责任部门组织评价、环境管理体系管理部门评价、公司领导层评价、公司上级主管部门或地方环境主管部门评价。

When 评价：接到不符合报告后。

Where 评价：根据评价的需要选择在发生的地方、办公室或会议室。

评价 What：评审不符合是哪个等级，不符合的原因，是否在别的地方存在类似不符合，或不符合是否会再次发生。

How 评价：按照不符合事实项所隶属环境管理体系对应的相关制度。

（3）实施措施

Why 实施：若不实施，则无法纠正或消除不符合发生的原因。

Who 实施：按照环境管理体系的职责分工确定的角色或岗位实施，若存在疑义由环境管理体系部门裁定，甚至上升至主管领导裁定。

When 实施：确定了纠正或纠正措施后，并且经评价需要实施后。

Where 实施：不符合存在的环节或地方。

实施 What：纠正或纠正措施。

How 实施：按照确定的纠正或纠正措施要求实施，若这些措施指引到相关环境管理体系的规章制度，则执行这些规章制度。

（4）评审纠正措施的有效性

Why 评审：若不评审，则会使无效的措施不及时被发现，不符合继续存在；有效的纠正措施游离在环境体系规章制度之外，在人员岗位调动或时间长久之后，没有持之以恒的实施。

Who 评审：环境管理体系的管理人员或相关职能管理人员。

When 评审：纠正措施落实了一段时间之后（根据实施的效果确定）。

Where 评审：落实了纠正措施的环节或地方。

评审 What：纠正措施实施的效果，不符合是否仍然存在，实施后是否带来新的不符合。

How 评审：不符合措施提了几条，在哪些部门的哪些环节实施，实施了吗，结果怎么样。

（5）变更环境管理体系

Why 变更：若不变更，措施与环境管理规章制度相冲突或补充的环节在执行一段时间之后不了了之。

Who 变更：有权对环境管理体系对应管理点实施变更的部门或个人。

When 变更：认为有必要更改管理体系时。

Where 变更：环境管理体系文件、组织的行为、可能的设备调整等“人机料法环测”各个可能的相关的维度上。

变更 What：经评审有效的纠正措施所引发的联动管理点。

How 变更：基于体系是一个系统网图，所以纠正措施可能会引发其关联环节的波动，而关联环节的波动又可能引发下一个波动。所以这个变更可能会发生多米诺骨牌那样联动。

（6）保留证据

Why 保留：为不符合纠正过程提供证据。

Who 保留：谁实施谁记录，定期归档；或按组织自定的要求。

When 保留：边实施边保留。

Where 保留：以环境管理体系文件上规定的文件化信息格式展示，并存于组织规定的地点。

保留 What：不符合性质、措施、实施结果的文件化信息。

How 保留：依据组织环境管理体系文件化信息管理程序。

➡ 本条款存在的管理价值

环境管理体系建立后，不符合是在所难免的，组织应当以发现不符合为改进机会，分析对环境管理体系有影响的不符合产生的根本原因，进而根据对环境管理体系影响的重要程度，采取对应的纠正措施，实现增值。

➡ ISO 14001：2004 条款内容

4. 5. 3　不符合、纠正措施和预防措施

组织应建立、实施并保持一个或多个程序，用来处理实际或潜在的不符合，采取纠正措施和预防措施。程序中应规定以下方面的要求：

a）识别和纠正不符合，并采取措施减少造成的环境影响；

b）对不符合进行调查，确定其产生原因，并采取措施避免再度发生；

c）评价采取预防措施的需求；实施所制定的适当措施，以避免不符合的发生；

d）记录采取纠正措施和预防措施的结果；

e）评审所采取的纠正措施和预防措施的有效性。

所采取的措施应与问题和环境影响的严重程度相符。

组织应确保对环境管理体系文件进行必要的更改。

➡ 新旧版本差异分析

在2004版标准中，针对不符合应采取纠正措施和预防措施；而2015版标准本条款没有提及预防措施，以基于风险的思维将预防措施的概念包含在条款4. 1和6. 1，强调了主动的、预防为主的理念。

➡ 转版注意事项

转版时有两点要关注，并能在相应的文件化信息中有体现：

1）基于风险的思维；

2）系统变更的连锁反应。有些组织如果在执行2004版标准时有纠正措施和预防措施管理程序，可以保持原程序，但最好在文件中加入基于风险思维的内容，并对变更管理的描述要更系统化。如果没有相应文件，组织可以自行设计对应的管理要求。

➡ 制造业运用案例

【正面案例】

夏季的某一天，某公司废液库管理人员发现公司废液存放房内一个装有废丙酮的瓶子闪爆。废液管理人员立即对泄漏的废丙酮进行处置，在确认没有渗入地下后，他调查废液收集过程，发现了个别员工不按规定量装瓶的现象，立即召集所有废液装瓶人员，专题培训高温情况下超量装丙酮的各种危害，并加强了装瓶过程的监督力度，最终彻底根除了废丙酮瓶子闪爆隐患。

【负面案例】

某公司化学试剂废弃容器与普通垃圾一起处理。垃圾回收站提醒化学试剂不允许和普通垃圾一起处理。于是公司采取整改措施，在公司某处挖了一个大坑，未做防渗漏措施直接填埋，导致化学试剂渗漏至土壤、地下水中。采取纠正措施但未充分评估，引起其他不符合。

➡ 服务业运用案例

【正面案例】

某公司食堂原来的模式是由服务员给员工打饭菜，剩菜剩饭居高不下，后来改为自己吃多少盛多少，并张贴光盘行动宣传标语，基本无剩菜剩饭产生。找到问题产生的根本原因，对症下药，方能药到病除。

【负面案例】

某餐饮公司油烟超标，加装了除烟装置，未充分考量除油烟装置的其他技术参数及安装要求，废气排放达标了，但因除油烟装置运转时的噪声过大导致厂界噪声超标扰民。采取纠正措施但未充分评估，引起其他不符合。

➡ 生活中运用案例

【正面案例】

家里孩子每天练古筝声音太大，房子隔音差打扰到邻居。于是调整孩子练古筝的时间，尽量不在中午休息或晚上 10 点后进行。同时采取内部装修的方式增加古筝练习房间隔音效果。

【负面案例】

农忙结束后，农民们为了节约空间，处理秸梗时采取焚烧的做法，导致大气污染。采取纠正措施但未充分评估，引起其他不符合。

➡ 组织运行时常见失效点及可能的应对措施

常见失效点	可能的应对措施
所有不符合一视同仁	把不符合根据其环境重要性、合规性重要性进行分类，重点管理

续表

常见失效点	可能的应对措施
不符合的原因分析不彻底，流于表面	深入调查不符合产生的过程，找到不符合产生的根本原因
采取的改进措施不够彻底，没能系统性从根本上预防，特别是需要资金投入的情形下	重要的不符合，跟踪纠正措施实施过程及效果，再酌情文件化，再审视体系文件更改的必要性
纠正了某项不符合引起了其他不符合	充分评估纠正措施的合理性

➡ 最佳实践

在程序或制度中规定不符合的程度分类，对环境管理体系有重要影响的不符合，深入不符合产生的现场，通过问询、查看、观察、跟踪等手段取证，基于证据分析产生的原因，制定纠正措施，责任到人并限定时间节点，并跟踪实施过程及效果，把有效的纠正措施文件化、体系化。不能所有不符合一种处理方式，将简单问题复杂化会给组织带来负担。

➡ 管理工具包

8D、鱼骨图。

32 持续改进

ISO 14001：2015 条款原文

10.3　持续改进

组织应持续改进环境管理体系的适宜性、充分性与有效性，以提升环境绩效。

条款解析

持续改进可以解读为不断提升绩效的活动。提升绩效是指运用环境管理体系，提升符合组织的环境方针的环境绩效。该活动不必同时发生于所有领域。可依据组织的内外部环境、法规、相关方需求的变化确定改进活动的持续时间，因此环境管理体系的关键在于过程管理。组织在体系运行时各要素的功能都应持续改进，才能发挥环境管理体系的作用，最终改进环境绩效。环境管理体系的持续改进应考量其适宜性、充分性、有效性。

（1）适宜性

适宜性指环境管理体系与组织所处的客观情况的适宜程度。这种适宜过程应是动态的，即环境管理体系应具备随内外部环境的改变而相应调整或改进的能力，以实现规定的环境方针和环境目标。

（2）充分性

充分性指环境管理体系对组织全部环境活动过程覆盖和控制的全面和完善程度，即环境管理体系的要求、过程展开和受控是否全面，也可以理解为体系的完善程度。充分性还包括在产品或服务的典型生命周期阶段包括原材料获取、设计、生产、运输和（或）交付、使用、寿命结束后处理和最终处置都应考虑环境管理体系的持续改进。充分性要求组织的环境管理体系结构合理，过程满足环境管理的需要，程序完善，资源充足，具有充分满足顾客和市场不断变化的要求的能力。

（3）有效性

有效性指组织对完成所策划的活动并达到预期的结果的程度，即通过环境管理体系的运行，完成体系所需的过程或者活动而达到所设定的环境方针和环境目标的程度，包括与法律法规、相关方要求的符合程度等。

➡ 应用要点

1. 适宜性

组织所处的外部环境是不断变化的，如相关法律法规、地方政府的政策、供方情况、市场行情、环保和节能等社会要求、科学技术的不断进步等。组织的内部环境同样处在不断的变化之中，产品结构与类型的调整、采用新技术、新工艺、新设备引起的资源与手段的更新、组织的宗旨和自身要求的变化。由于组织所处的内部环境是不断变化的，客观上要求环境管理体系的框架和内容也要发生相应的变化。这种变化可能导致环境方针、环境目标的变更，组织应及时调整或改进为实现环境方针和环境目标而构成的一组相互关联或相互作用的环境管理体系过程，做到“你变我也变”，使环境管理体系持续地与内部环境地变化相适应。这就需要企业有组织、有计划、有方法，确认如法律法规、相关方的要求、工艺等因素变化时，适时调整环境方针和环境目标。例如，一个集团公司在全国各大省市都有分公司，产品、服务都一样，但每个地方的法规标准有所差异，各分公司的环境目标就应该符合当地的要求。再如，同一个区域两个组织可能从事类似的活动，由于两个组织的组织结构不同、产品外包的程度不同、供应商选择的成熟度不同，这两个组织面对的风险和机遇也就不一样，因此两个组织采取持续改进的方法就要结合自己组织的特点，充分考量法律法规、相关方要求、组织供应商环境管理体系的风险等因素，具体的持续改进的方法就可能有所不同。

2. 充分性

持续改进在环境管理体系的每个模块都应体现。

（1）领导作用

组织最高管理者要有持续改进的意识，并付诸行动，发挥影响力，提供必要的资源。

（2）环境方针

环境方针是组织实施环境管理体系的政策方向。标准明确要求环境方针需包含保护环境、污染预防、履行合规义务的承诺。这些承诺都需要动态管理。环境方针也特别提出需要对持续改进环境管理体系以提升环境绩效进行承诺。

（3）职责和权限

环境管理体系中的持续改进应明确组织中各部门的职责和权限。特别是一件持续改善案子涉及多个部门，必需明确持续改善方案的策划部门，实施的部门、检查的部门、标准化的部门方可确保持续改善确实有效落实。

（4）策划

组织在策划环境管理体系时包括对环境因素、合规义务、组织本身及组织所处的环境、相关方的需求和期望，以及需要应对的风险和机遇。这些要素都会发生动态变化，只有持续改进才可能提高环境绩效。

（5）环境因素

标准要求确定环境因素组织需要考虑变更、异常、紧急状况，这也意味着组织需要全面考量环境因素。当组织本身活动、产品和服务及相关的工艺、设备等发生变更，出现异常、紧急状况时，或相关方需求发生变化时，组织应重新对环境因素进行识别和评价，以保持最新环境因素信息，必要时调整环境因素识别的方法和评价的依据，达到重要环境因素动态更新，以适应环境管理体系持续改进的要求。

（6）合规义务

组织应通过适当的渠道及时获取并识别和掌握与组织活动、产品和服务相关的法律法规和其他要求，以调整组织的环境管理体系要求，适应外部的变化，以最大化利用机遇、降低风险，保证组织持续满足合规义务。

（7）环境目标

标准明确要求环境目标适当时予以更新。随着环境因素和重要环境因素的更新，新的重要环境因素及组织内外部运营要求可能要求组织制定新的环境目标，这也意味环境目标随着环境管理体系持续改进动态管理。新的环境目标确定后，对应的措施也需要及时调整，充分体现了持续改进的精神。

（8）支持

1）为实现组织的环境绩效不断提升，组织应持续改进环境管理体系所需的资源。

2）组织的人员的能力因组织内外环境、要求的变化，需要通过适当的教育、培训或经历确保与环境管理绩效和履行合规义务的人员具备所需的能力。教育、培训或经历的要求需要动态管理，持续改进以满足组织的需求。

3）应对组织环境管理体系内外部信息交流的需求，针对信息交流的内容、时机、对象、方式需要及时调整，与时俱进。

4）组织应对文件进行定期评审，必要时进行修订，确认文件的适宜性。

（9）运行控制

1）当有新的重要环境因素和环境目标确定时，应重新制定相关的活动与准则。

2）组织在演练或事故发生后要及时评审和修订应急准备和响应措施，寻找差距，寻找机会，实现不断的改进。

3. 有效性

1）组织环境管理体系范围内的成员应充分理解组织的环境方针。

2）组织环境管理体系涉及的法律法规、相关方要求等合规性义务应及时识别和更新依照程序要求真正实施合规性评价。

3）组织的环境因素应有效识别，重要环境因素应予以控制，环境人员涉及岗位人员应能遵照相关规程执行。

4）环境目标、绩效和管理方案有日常监测，确认环境目标、绩效是否不断进步。环境目标、绩效可以是历年的比较，也可以是按行业、区域进行比较。

➡ 本条款存在的管理价值

由于许多组织在运行环境管理体系过程中难以做到持续改进，所以在我国环境管理体系得不到很好的推广，而只是把取证作为最终目标。在国家越来越重视环保的大环境下，虽然组织取得环境管理体系证书，但如果运营过程中并未真正落实持续改进的精神，那么超标、违规、停产就像未引爆的“地雷”随时可能发生。本条款要求组织对环境体系的管理活动实现 PDCA 循环式的动态管理，确保体系在组织中的有效运行。

➡ ISO 14001：2004 条款内容

2004 版标准无此项要求。

➡ 新旧版本差异分析

在 2004 版标准中无持续改进独立条款。而 2015 版持续改进则作为一个独立的条款，说明国际标准化组织更加重视持续改进对于管理体系成功运行的作用。

虽然在 2004 版中无持续改进独立条款，但标准各要素都直接体现或间接隐含着持续改进的要求。

➡ 制造业运用案例

【正面案例】

某公司涂装生产线使用油漆和粉体两种工艺，生产过程的废气无组织排放。废气不符合环保要求。刚开始的改善措施是加装排气设施进行有组织排放。随着当地环保要求的变化，企业及时识别合规性要求，投入 300 万元购置新的废气处理装置满足了环保要求，避免企业因国家对环保要求越来越高导致的停产整顿的风险。

【负面案例】

某公司生产工艺需要用强酸处理原材料，强酸废液经过处理后排入工业园区污水处理管网。企业日常废水处理点检时就发现强酸废液浓度未达标就排入工业园区，企业仅仅对员工进行教育，该问题仍然时有发生。半年后该企业被当地环保局以污水超标罚款近百万元。企业除了缴纳罚款外，还需要停产改装相关设备。企业在持续改进的有效性方面未重视，停留在表面，未关注污水排放超标真实原因，最终给企业带来更大的损失，也对环境造成更大的伤害。

➡ 服务业运用案例

【正面案例】

很多人旅游首选云南，云南的生态、环境给旅游者留下深刻、美好的回忆。为了保持和改善云南的生态环境，打造绿色旅游品牌，多年来，云南省各界多管齐下，结合云南当地的环境现状、政府的技术、经济能力，控制污染物排放量、加大污染物处理率、推行清洁能源开发，农村推广能源利用，开发沼气、小水电、太阳能等优质资源，并对100多家排污重点企业进行整治，建立了一系列长效环境保护控制措施，并由环保部门专职监督各项环境指标的达标状况，确保所有措施有效运行，并持续改进，为云南经济可持续发展带来发挥重要作用。

【负面案例】

汽车维修企业比较突出的问题在于挥发性有机物排放不合规、三废（废气、废水、固体废弃物）没有得到有效处理等，企业主存在侥幸心理，没人查处就不改。2017年环保督查展开以来，仅成都双流区就有60%～70%的汽车维修企业被要求停业整顿。汽车维修企业在经营过程中，对环境管理体系的建立未充分识别企业应遵守的合规性义务，最终导致企业无法顺利永续经营。

➡ 生活中运用案例

【正面案例】

为了提醒人们节约用水，公共场所的卫生间之前采用张贴“节约用水”等标志来提醒大家。现在公共场所卫生间水龙头逐渐改为感应式或按压式，充分体现了持续改善，节约资源，确保了节约用水、节约用电方案的有效实施。

【负面案例】

前几年多地都在开展垃圾分类活动，有些地区投入了大量的人力、物力，但效果甚微。有些仅由居委会、小区配套了相关的设备、设施，进行了宣传。有些小区刚开始在密集宣传的氛围下垃圾分类做得很好，渐渐地分类的垃圾桶丢失破损没有及时更新，居民们没按规定丢弃也没有任何后果，加上出了小区的垃圾并未很好的分类处理，导致此项活动收效甚微。该环境管理治理方案未充分识别谁负责定期确认垃圾桶的破损情况，垃圾桶破损后资源谁提供，导致方案最终运行失败。

➡ 组织运行时常见失效点及可能的应对措施

常见失效点	可能的应对措施
环境指标的监控已经接近风险值，组织仍然认为只要不超标，就可以不用管	1）对于各种检测数据设置警戒线，实施提前预警贡献 2）发现不足的可能，主动想解决办法，防患问题的出现

➡ 最佳实践

企业可利用网络、资讯平台建立相关的鼓励政策，鼓励员工积极发现环境管理体系的问题点，并提出合理化建议。

➡ 管理工具包

PDCA 、8D、SMART。

后 记

为了我们和我们的孩子们，在实现经济可持续发展的同时保护人类的生存和发展，这是我们必须承担的责任。

——道尔（中国）有限公司　沈思华

相信标准、践行标准，管理价值才能真正绽放！

——道尔（中国）有限公司　全晶丽

ISO 14001 如同一本环境管理圣经，每个希望改进环境绩效的组织都可以从中获益。有了每个组织、每个人的努力，公地悲剧才会越来越少，青山绿水和金山银山才能变为现实。

——道尔（中国）有限公司　王　璐

环境是我们共同的家园，一个绿色的中国梦是每一个中国人都应怀有的希冀。你我都是环境的参与者，也是环境的管理者，希望通过这本《绿宝书》，让我们可以用标准去解决我们工作中、生活中的环境问题，用影响驱动影响 ，用行动带动行动，创造出一个山清水秀空气新的美丽地球村。

——天津东方海陆集装箱码头有限公司　孙　妍

厚积薄发，以火箭般的速度呼啸而来；陈善闭邪，以龙卷风的态势席卷业内。英声茂实，功在千秋！

——中节能太阳能科技（镇江）有限公司　郭建伟

体系管理不是束缚员工的枷锁，而是让他们“有法可依”的工具。让管理方法更为多元化，让管理手段更为透明化，让所有工作行为都有自己的影子。“有法可依，有法必依，执法必严，违法必究”的准则同样适用我们的体系运行。体系本身就像一条流水线，每个环节都影响着另一环节，每个环节也会有其他环节的倒影。

——通标标准技术服务（天津）有限公司　王志强

履行合规义务有助于组织理解、确定并合理地满足相关方的需求和期望，遵守法律法规，是组织实施环境管理体系时必须做的一项核心承诺。合规性评价则是对组织合规义务履行情况进行评价，确保合规义务履行到位，降低风险，抓住机遇的重要措施。两者相辅相成，相得益彰，是控制风险的一个关键环节。

——北京新机场建设指挥部　张　超

ISO 14001：2015强调全过程控制，从产品设计、生产工艺、设备选择、产品包装、储运的全过程采用绿色设计、清洁生产，减少有毒有害物质的使用，减少污染物的排放，满足相关方和社会对环境保护不断发展的需要，是企业履行社会责任的重要体现！环境保护是一项崇高的事业，贯彻ISO 14001：2015，创建绿色企业，不仅是社会的呼声，也是企业可持续发展的必由之路。

——唐山港集团股份有限公司　李鸿博

环境管理体系的重要性在于它将环境绩效与公司业务发展相结合。环境管理体系的目的不只是为了获得一个证书，而是为了企业更好地可持续发展作出充分的准备，新版环境管理体系更加强调了风险和机遇，这也说明环境管理体系的良好运转给企业运营带来的收益是可观的，同时失效的环境管理体系带来的业务中断对企业也是致命的打击。在环保话题不绝于耳的当下，有幸参与“绿宝书”的编辑，是为企业百年生计做打算，也是为我们的生存环境而筹谋。

——Lovol Tianjin Engines Co., Ltd.　肖　麟

小时候学校对我影响最大的一句话就是“精神文明和物质文明两手都要抓两手都要硬”。长大后，我选择了环保和心理这两个看似毫无联系的职业，也是潜意识选择的结果吧，它们都是一种修行。

——天津华圣博远环保技术咨询有限公司　胡华玉

群体是一种奇妙的组合，每一个个体的言论可能如沧海一粟，但它们汇聚起来，便能产生排山倒海的效应。愿每一个人都能做一颗有温度，有立场，有思想的水滴，积聚力量，为世界环境的可持续发展承担我们应有的责任，闪耀光辉。

——Tumblar Products Ltd.　华　莹

环境是人类生存和发展的前提，“环保”与我们每位如影随形，历史已经告诉我们，破坏环境的代价，让我们通过“绿宝书”，从我们所在组织开始施加影响，减少对环境不利影响，提升生命质量。

——永大电梯设备（中国）有限公司　黄春玲

在越来越猛烈环保风暴下，企业该如何应对？转变观念，以全新的视角看待环境保护，实施环境管理体系，运用系统的方法，规避风险，寻找机遇。做有社会责任感的企业，社会也会回报以商机。

——北京青草绿洲环保科技有限公司　王建军

蓝天白云、青山绿水、清新的空气，还有那婉转的鸟鸣声……感恩大自然赐予的美好环境！人类依赖于大自然的环境得以生生不息。爱护环境就应当像爱自己的母亲一样。保护环

境更是每个人义不容辞的责任。践行ISO 14001，让我们努力实现人与自然的和谐统一。

——通用电气创为实自控技术发展（深圳）有限公司 房 悦

ISO 14001作为环境管理体系的国际标准，在资源、环境及生态影响方面，对各类组织的运营提出了规范和指导。认真解读并运行环境管理体系能够减少组织由于污染事故或违反法律、法规所造成的环境风险。增加组织获得优惠信贷和保险政策的机会，保障企业走向良性发展和永续经营的长久之路。可喜的是在经济迅猛发展的国内，越来越多的组织已经意识到环境保护的重要性和长远意义，正在由被动到主动地加入环境管理体系当中来，这是功在当代，利在千秋的好事。

——天津市金锚集团有限责任公司 崔晓鹏

践行环境管理体系，是企业通往国际市场的绿卡，可以促进国际贸易，提供企业过程管理水平，增强企业竞争力，有效帮助企业开展环境管理体系中的风险管理工作，持续改进，不断增强顾客满意。

——深圳睿智恒信管理有限公司 邱 丰

为了子孙后代的绿水青山，为了国家民族的可持续发展，企业推行环境管理体系不仅仅是一种战略选择，更是一种社会责任与家国情怀。

——中国天辰工程有限公司 邢胜男

“保护环境就是保护生产力，改善环境就是改善生产力。”践行环境管理体系标准，助力成就长青基业。

——宁波方太厨具有限公司 何 叶

我们只有一个地球，保护环境，减少环境影响，是我们每一个地球人应尽的义务。此刻不容缓，也任重而道远，为了造福于我们的子孙后代，也为了我们共同的地球家园，一起努力吧！

——贝迪科技（无锡）有限公司 叶美学

致正在阅读ISO 14001：2015的您：不阅此书，思考中总有问题；但读此书，行动中都是答案。您是否正在为新版体系标准而苦恼呢？那么，希望此书能给您的工作送来及时雨。

——中节能太阳能（镇江）有限公司 孙彦军

践行环境管理体系，是一个学习到实践，然后再学习再实践的一个过程，而今读者们幸得“绿宝书”来指引工作，详细的条款解析和精彩的案例，让读者的学习和实践之路更为平坦。

——奥的斯电梯（中国）有限公司 李春艳

在体系的建立和推行过程中，我们要准确定位EHS从业人员的位置，EHS从业人员更多的是教练、医生，而不是警察、小跟班、救火队员。我们要相信标准的力量，赢得高层的支持，影响中层，引导操作层实践，需要EHS从业人员发挥自己的桥梁作用，充分发挥自己的领导力，影响力，有效沟通，将标准的力量传播出去。

——空中客车（中国）企业管理服务有限公司　王　飞

体系管理不仅是人定规、事定则、物定位，更是一门艺术。

——西安北方捷瑞光电科技有限公司　赵银屏

ISO 14001要建立在对环境保护的企业社会责任之上，没有对环境的关爱、诚信和责任，ISO 14001只不过是年度的文件审核。

——金鹰集团　高宝玉

为应对当下社会的主要矛盾，即人民对清洁健康环境的需求与不断恶化的环境之间的矛盾，近年中国环境法制体系的不断完善，从立法、执法到司法的法律运行体系也逐渐升级和完善，因此新常态下环境管理已经不仅仅是外生需求，更是企业迎接机遇与挑战的内在动力，此时再来谈环境管理别有一番意义，愿这一版能给读者带来更多的启发和帮助。

——阳光时代律师事务所　文黎照

ISO 14001环境管理体系不仅可以帮你解决环境管理问题，还能有效节能降耗、突破绿色壁垒、提高产品和服务的竞争力。为守住青山绿水而持续改进吧！

——北京焦恩能源勘查有限公司　徐　斌

越直面环保，越感悟自己的渺小和生命的伟大，这颗星球的可持续发展，需要你我的点滴努力。环保不分民族，生态没有国界。让绿色的旋律环绕每一个生命。

——兰谷企业管理咨询（上海）有限公司　王　璐

积极落实企业环境管理体系，主动管控企业环境相关的信用风险。

——Ortech Consulting Inc.　孙利民

分享美好，修炼自我，用生命影响生命。

——苏州新活力教育科技有限公司　王樱蓉

“绿宝书”不但是我们工作上、生活上的财宝，而且还能让更多的企业、伙伴知晓其中的作用和受益，加以应用让目标实现得更加高效。

——英德奥克莱电源有限公司　谢续记

在当前的环保政策的压力下以及政府部门简政放权的趋势下，如何依靠企业自身的能力自主管理环境责任，并快速地响应变化的环境状况，履行好合规义务，高效地使用资源？采用环境管理体系就是一个最好的选择。

——江苏捷通检验认证有限公司　戴群英

环境管理体系的本次自我创新定会进一步提升组织绿色元素，也将为“绿色地球”做出更大贡献。

——湖南裕丰紧固件有限公司　熊正武

非常荣幸能参加此次转版书籍的编写，感谢各位大神级老师的指导，也有机会与众多经验丰富的同行互相交流，使编写成了一次自我磨砺的愉快过程。管理需要讲究方法，需要精益求精，习主席讲：“青山绿水才是金山银山！”望这本诚意满满的 ISO 14001 体系转版指导书能给你的组织管理带来一些启发，让 ISO 14001 体系为组织获得金山银山保驾护航！

——当纳利电子制品（苏州）有限公司　周　玲

有多少企业还在忍受环保之痛？有多少企业做了多年的 ISO 14001 认证还是没有找到环保管理的良方？“绿宝书”凝聚四十多位不同行业专家的智慧结晶，把新版 ISO 14001 条款掰开揉碎告诉你标准每一个字都有它的价值，告诉你在制造业、服务业如何运用，告诉你环保不能只要“主义”，更要“落地”！

——中粮生化专业化公司　宋莲芳

无规矩不成方圆，法律法规、标准、制度等等构成了企业的规矩，但空谈规矩而不按规矩行事等于没有规矩。而此次“绿宝书”的编写正是将规矩活化的过程，让企业知晓规矩并灵活应用规矩，从而最大限度地发挥 ISO 14001 对企业管理的价值。每一位编者以自己丰富的实务经验完美地阐释了 ISO 14001，并将其适用路径清晰地呈现出来，让企业的环境质量管理有规有矩走向合规合矩。因此，称之宝书，名副其实，值得拥有。

——阳光时代律师事务所　张　泉

这是由一群有专业、有梦想、有决心的有志人士所著，对于已从事此行业的您、即将从事此行业的您、正在找寻可以辅导您团队在此专业成长的您，这就是您最好的选择，读起来吧，惊喜无限。

——中节能太阳能科技（镇江）有限公司　吴少梅

“工欲善其事，必先利其器。”在 ISO 的指引下，我们一直在努力。

——四川航空股份有限公司　胡　珀

新版的体系标准，让更多的企业准入进来。但同时，当今的企业也出现了前所未有的两极分化。希望珍视标准及管理工具的企业在这个多变的环境中应用得当，永续发展之道。

——TUV NORD　牛雅婷

正如美国教育家勃莱森所说，“任何一所学校环境都在默默地对学生们发表演说，而且人们的确会注意它，在不知不觉中接受熏陶和影响”。我们作为教育工作者，根植绿色理念、发展绿色文化、共创绿色环境，让学生成为未来践行绿色标准的实践者。

——内蒙古呼和浩特市第一中学　李向京

第一次接触 ISO 14001 还是 2000 年。实践证明，ISO 14001 是非常有效的管理工具。本书的编写过程对我们来说是一个对标准再学习的过程。相信所有读者都会在阅读本书的过程中受益。

——周秀琴

相信“绿宝书”一定能成为诸位体系推进者、管理者的案头书，祝愿大家的体系推进之路顺利。

——冯明强

世界因你我而美丽，大家共同保护绿色家园！

——尹小峰

编者心血凝成“绿宝书”，为环保工作提供支持，为生态文明建设贡献力量。

——郭焯民

和一群追求精益求精的人做有意义的事情是幸福的，希望我们的幸福感能通过“绿宝书”带给和我们同样有工作追求的读者。

——钱　玥

合规经营，善用资源。以基于风险的方式，对全生命周期进行管控，努力实现企业和社会环境的可持续发展目标。

——陈贤德